把热爱变成事业

赵莎◎著

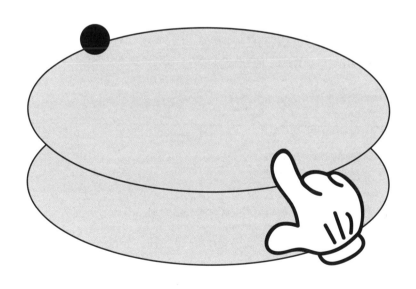

人民邮电出版社

北　京

图书在版编目（ＣＩＰ）数据

把热爱变成事业 / 赵莎著. -- 北京 ：人民邮电出
版社，2024.3（2024.3重印）
ISBN 978-7-115-62699-8

Ⅰ．①把… Ⅱ．①赵… Ⅲ．①成功心理－通俗读物
Ⅳ．①B848.4-49

中国国家版本馆CIP数据核字(2023)第193875号

内 容 提 要

本书将教会普通人如何找到热爱的领域，进行超速成长才华变现。

全书共5章：第1章讲定位力，引导读者向内探索与向外拓展，介绍如何在迷茫时找到自己热爱的方向；第2章讲专业力，帮助读者搭建个人知识体系，提升学习效率与专业能力，开始超速成长；第3章讲行动力，通过深度拆解目标管理、时间管理与能量管理的方法，让梦想在实践中生根；第4章讲影响力，从输出力、分享力、连接力出发，帮助读者建立个人品牌，发挥个人影响力；第5章讲变现力，引导读者基于产品力、运营力、营销力搭建商业小模型，真正实现才华变现。

本书适合想将自己喜爱的事变成职业的人、面临转型的职场人士及终身学习者阅读。

◆ 著　　　　赵　莎
　 责任编辑　徐竞然
　 责任印制　周昇亮

◆ 人民邮电出版社出版发行　　北京市丰台区成寿寺路 11 号
　 邮编　100164　电子邮件　315@ptpress.com.cn
　 网址　https://www.ptpress.com.cn
　 天津千鹤文化传播有限公司印刷

◆ 开本：880×1230　1/32
　 印张：6.875　　　　　　　　2024 年 3 月第 1 版
　 字数：137 千字　　　　　　 2024 年 3 月天津第 2 次印刷

定价：59.80 元

读者服务热线：(010)81055296　印装质量热线：(010)81055316
反盗版热线：(010)81055315
广告经营许可证：京东市监广登字 20170147 号

我叫赵莎，是一名"90后"创业者。下面是我的故事。

小学，关在笼子里的"小鸟"

小学三年级的时候，父母外出打工，我从农村的小学转到县城的小学，住在外公外婆家，成了一名留守儿童。在县城的小学里，我非常自卑，不敢大声说话，怕老师、怕同学；在外公外婆家，我也不敢向外公外婆提要求，会压抑内心的很多想法，不敢开电视机，不敢要零花钱，不敢要好看的衣服。我羡慕同学们周末都有父母陪，羡慕别人的童年里有看不完的动画片……

可能是因为自卑，我从小就刻苦学习，初中、高中都在学校寄宿，将时间全部花在了学习上，学习成绩也保持在班级前3名。我想，即使没有好的家庭环境，我也要有一个好成绩，考上一所好大学，未来成为一个很优秀的人。

功夫不负有心人，高考成绩出来的时候，我的成绩高出一本线 10 多分。当时在我们村里，能考上一本是一件很值得骄傲的事情，父母非常欣慰。填报志愿的时候，外公和父母都希望我填报师范、医学类的院校，毕业了去当老师或医生，因为这些职业很稳定。但我没有听从家人的建议，买了两本关于高考志愿填报的书回来看，然后根据自己的兴趣，填报了以服装、设计、会计类专业见长的院校，满心欢喜地期待着在喜欢的大学里实现自己的梦想。

大学，被调剂到动物医学专业

后来，我成功被我的第一志愿学校——一所"双一流"建设高校录取。可糟糕的是，我喜欢的专业并没有录取我，我被调剂到了一个之前从来没有听过的专业——动物医学专业，通俗地讲，就是兽医专业。收到录取通知书的时候，我内心五味杂陈。在父母看来，这意味着我读完 5 年大学后要去当兽医，于是他们直接联系我的高中老师，建议我复读一年，重新考个他们眼中的好学校和好专业。我虽然也不喜欢动物医学专业，但复读会使我非常有压力，如果心态没稳住，我可能连这所"双一流"建设高校也考不上，我想大学所学的专业也不一定限定了最终出路，所以我没有答应去复读，心里想着可能还有翻盘的机会。

我想很多人在高考填报志愿的时候，都是懵懂地选择了一个专业，等到真正学习了这个专业后才发现自己完全不喜欢，却又不得不熬完几年大学生活，最后勉勉强强地去做与专业相关的工作。而我在被调剂到动物医学专业进入大学的第一天，就开始了自己的职业探索之旅。

大一暑假，我留在实验室做实验，体验科研生活，以决定到底要不要走专业路线，未来要不要考研；大二，我参加了职业生涯规划大赛，确定了自己毕业后要从事与人力资源相关的工作，于是连续两年周末无休，在另一所学校攻读人力资源管理的第二学位；大四，我拿着简历在多所大学的招聘会上参加面试，最后孤身一人去大城市求职，3 天跑了 8 家公司，只为有一个在大城市工作的机会。当时我想，毕业后一定要做与人力资源相关的工作。

毕业，一份起点低的工作

可能是因为本专业是动物医学，第二专业才是人力资源管理，也有可能是因为大城市竞争激烈，除了本专业领域的工作机会外，我只得到两个酒店行业的人力资源管理工作机会，并且每月工资只有 2800 元。辛辛苦苦地付出，却并没有得到理想的工作机会，我好像总是离理想的城堡有一段距离，但我依然没有放弃对未来的探索和追求，想着先就业再择业。

工作第一年，我每天早上 6 点半起床，7 点出门，晚上 11 点才回到公司宿舍。那时候，我被获得直博（直接攻读博士）

机会的同学嘲笑：你工资这么低，还这么努力干嘛？被同事取笑：我和你住一间房，可是我起床的时候你已经出门了，我睡觉的时候你才回来，我基本上只能在公司看见你，你要不要这么拼啊！甚至还被父母质疑：一个名校毕业的大学生，在深圳做每月只有 2800 元工资的工作，每天把自己折腾得那么累，不如回老家找份工作算了。听到这些话时，我很难过，尤其是没有得到家人的支持，更让我觉得孤独。但后来，凭借自己的努力，我终于跳槽到了一家大公司。

刚进入大公司时，我仿佛每天都顶着光环上班，特别开心。可过了几个月，在新的工作岗位上，我也感受到了一些业务压力，除了每天加班外，还需要处理一些压得我喘不过气来的人际关系。最后身体向我敲响了警钟：我的头上出现了好几处硬币大小的斑秃，医生说这很可能是精神压力较大引起的。那时我每天害怕自己一觉起来，头上就又有几处斑秃。最后，结合自己的身体状况和其他原因，我决定离职，开始做自己喜欢的事情。

创业，把热爱变成事业

2018 年 12 月，离职的我开始创业。搬家公司的小车带着我从深圳的东边到深圳的西边，我和妹妹挤在一间只有 14 平方米、每月 800 元房租的房子里。离职后，我很害怕和父母沟通，一方面怕他们担心我，另一方面，他们确实无法理解我一个人在家不上班怎么赚钱，没有钱怎么创业。

因为缺少和父母的沟通，我和他们的关系极度恶化。在一次电话中，我和爸爸的情绪都非常不好，我们吵了起来。一气之下，我暴躁地挂掉了电话，而爸爸也直接把我从微信里拉黑了。那时，我虽然慌得不得了，担心和父母的关系就此闹僵，但同时也特别委屈：创业已经很苦了，还得不到父母的理解和支持。不过后来自己创业有些小成绩后，我把情况一五一十地告诉了父母，也终于获得了他们的理解和支持。

小学、大学、毕业和创业的 4 段小故事，是我这样一个非常普通的人在平凡的岁月里做出的一些小努力的见证。其中的一些场景，可能也是一些"90 后"的真实写照：童年时总感觉缺乏爱，不自信，于是拼命学习；读了大学，一边步入新天地，一边要与不喜欢的专业"死磕"；毕业了，在职场的压力下成长，同时还要再次进修与父母沟通这门必修课。我们很可能度过了很多个迷茫的夜晚，偷偷带着眼泪入睡，但第二天起床又暗自给自己打气：今天又是一条好汉。

毕业这几年，通过不断地寻找、探索、努力，我终于找到了舒服自在的生活方式。借助移动互联网的红利，我找到了自己热爱的领域——知识可视化的教学和服务，成功地从职场人士变成自由职业者，再从自由职业者转型为个体创业者。这一路走来，除了得到了很多人的支持和认可，和父母的关系逐渐缓和，我还找到了自己的爱情，认识了另一半。更重要的是，当我顺着自己的热爱，重新出发的时候，我也和自己和解了，不再和自己较劲。我时常有一种幸福感，这种幸福感源于对未来的笃定，对热爱的追求和探索。

成长不是一件容易的事，尤其是成长为自己喜欢的样子。很多时候，我们容易被一些其他因素干扰，走着走着就走偏了。还有些时候，我们无法按照理想路径前行，便会把原因归于他人的阻碍，殊不知，人生的掌控权一直在我们自己手里。我把这一路走来的心路历程整理成了一本书，希望对你有所帮助。感谢这个时代，它赋予了很多人被看见的机会，而你只要足够努力，总会被看见。

我是如何一步步发现自己热爱的领域，并把热爱变现的？我经历了这 5 个阶段。

第一阶段：找到自己的定位，即自己想成为一个什么样的人。当你想清楚这一点时，你未来的发展方向就会极度聚焦；越聚焦，外界的声音就越不会干扰你内在的节奏，从而减少内耗。

第二阶段：让自己变得专业，专业能力永远是你立足于社会的根本。我总是问自己喜欢什么，能不能把喜欢的变成专业的，再把专业的变成自己的职业。所以在第 2 章，我会和你分享我每次跨行跨业的时候，是如何让自己快速变专业的。

第三阶段：采取行动，做一个知行合一的人。很多人听了很多道理，却依然过不好这一生，究其原因，很多时候我们是思想上的巨人，却是行动上的矮子。那么到底如何才能做到极速行动，拆分、执行并完成目标呢？在第 3 章，我会将自己的时间和计划表分享给你，供你参考。

第四阶段：扩大影响，让自己能帮助更多人。在个人品牌时代，只有不断地对外分享输出，才能让自己更好地被看见，也才能使个人价值最大化，从而帮助更多人。如何从 0 到 1 积攒粉丝，如何从 0 到 1 建立自己的个人品牌，本书的第 4 章将详细为你介绍。

第五阶段：实现变现，打造自己的第一个知识产品。关于专业力变现，我一直有一种"你若盛开，蝴蝶自来"的信念：当你扎扎实实地学习、扎扎实实地分享输出、用心地做好自己的产品时，总有人会被你吸引；当你真心实意地为他人着想、为他人提供价值时，财富也会自然地流淌到你这里。

另外，为了让你更好地理解和吸收，本书还设置了一些行动清单，它们将引导你看完相关内容后立即开始行动，让你真正做到学有所用。

愿本书助力你找到自己的热爱，成为越来越优秀的人，绽放自己，未来可期。

赵莎

2024 年春

目 录

1

定位力 找到热爱的方向

唯有热爱，可抵岁月漫长。你要持续不断
地去寻找自己的热爱，它就像你的翅膀，
能给你勇气和力量。

1 人生迷茫，如何破局找到成长方向

成功，就是离自己想成为的样子越来越近。

毕业 7 年，经常有人很羡慕我能够找到自己的热爱；也有很多人来向我咨询，希望我帮他们找到自己的热爱和成长方向。

我给自己贴了一个标签——人生设计师。我在大一的时候就接触了职业生涯规划，并在当时给自己规划：毕业后要从事与人力资源相关的工作。毕业时，我顺利地从事了人力资源管理工作。参加工作的第一年，我发现自己喜欢学习、分享，对教育感兴趣，又给自己重新做了职业生涯规划，计划 3 年后成为一名知识博主，做自由讲师。3 年后我又顺利实现了规划。

因为每一次我的职业生涯规划都实现了，并且我在转型后做得还不错，所以我越来越相信每个人都可以成为自己的人生设计师，都可以一步步地去规划自己的生活。在本章，我想和你分享，我如何一步一步去探索、规划自己的职业生涯，在这中间又经历了什么。

1. 第一次破局，给自己做职业生涯规划

2011 年 6 月，我收到了华中农业大学动物医学专业的录取通知书。这所学校是我自己选择的，但专业却是被调剂的。当时父母知道我的专业后非常生气，马上联系我的高中老师想让我去复读一年，希望我一年后考一所好学校，选择一个好专业。

当时我没有答应，自己好不容易考上了一所"双一流"建设高校，如果复读，万一心态没稳住，可能连一本院校都考不上。所以，2011 年，我不顾家人的阻拦，兴奋又迷茫地去武汉念大学了。我不知道有多少人和我一样，大学的专业是被调剂的，或者根本不知道自己的专业是学什么的，稀里糊涂地选了一个。

我们在读大学之前，好像很多事情都是被安排好的，按部就班地学习每一门课程的知识，把每一次考试考好。到了填报志愿的时候，我们好像有了一次主动选择的机会，可是我们并不知道怎么去做这道选择题，很有可能最后还是家长和老师帮我们做了选择，又或者是我们被学校选择。所以，习惯了被动模式的我们，人生就会持续地进入被动模式。

很多人进入被动模式后，就慢慢地习惯了，并一路走到底。而我当时打破了这种被动模式，虽然被调剂到了一个自己不喜欢的专业，但是我仍然有逆风翻盘的机会。我太想把大学过得有意义了，所以在大一的时候尝试了很多事情，主动地找

寻人生的意义，具体如下。

做兼职：去尝试推销各种课程和服务，比如推销计算机等级考试课程，装网络宽带服务，等等。

进社团：我面试了很多社团，有主持社团、舞蹈社团、记者社团等。

多学习：我从大一开始投资自己，省吃俭用报名参加线下课程，以及校外的一些学习活动。

那时候，很多人都不理解，好不容易从高中到了大学，可以好好休息、好好玩，我为什么这么折腾自己，尤其是花几百上千元去外面上课。

有时候，改变就是从你不经意间听到的一句话开始的。我之所以从大一开始就有很强的学习意识，是在大一的一次公开讲座中，一位老师的话启发了我。

大学时间除了用来学好自己的专业课程之外，也是非常好的提升工作能力的时间，你的课外学习和活动要尽可能为了毕业时的那一份简历做准备。你毕业后要找什么工作，这份工作要求你有什么知识、有什么经验，你就要在大学期间为这些做准备。

听完那一段话后，我开始思考如何充分利用好课外时间学习，同时也在思考：我毕业后到底要做什么？我该如何度过大学？我要去做什么事情？

有一天晚上，我在操场上跑步，一边跑一边思考这些问题，突然间想到了未来的职业方向：我可以先尽可能地去做一些与本专业有关的实践，看自己喜不喜欢，如果真的不喜欢，那我再在生物行业里去找其他岗位的工作，这样既能发挥自己的专业优势，又能找到一份自己感兴趣的职业。

可能是因为当时思考得太投入，我在为这个想法暗自高兴的时候，突然"哐当"一声掉进了操场上的一个水坑里，里面有很多积水。那时候是冬天，当我全身湿漉漉地从池子里爬出来的时候，整个人都快被冻透了，但我依然觉得很兴奋。此后的每一天我都积极地上课、做实验，打好专业基础。同时我也在做两手准备，思考有哪些岗位可能会是我感兴趣的，我如果对动物医学不感兴趣，还可以尝试去做什么工作，这些可以如何结合起来……

为了找到这些问题的答案，我开始了更精准的探索。

大一的暑假，我跟着老师留在实验室做了 20 天的实验，目的是判断自己是否适合走科研道路。做实验的那些天，我每天都在无尽地等待实验结果，这让我提不起精神和兴趣。我还参加了企业的招聘会，跟企业的人力资源管理人员对话，探索自己可以从事什么职业。加入社团的时候，我抓住一切机会去问师兄师姐们毕业后的就业方向有哪些，逐一了解并判断自己是否对其感兴趣。经过一番尝试，我发现自己喜欢和人相处，并且喜欢去影响他人。最后，我发现自己对公司中人力资源的招聘和培训模块很感兴趣，它可以满足我与人沟通、影响他人的愿望，于是我开始思考如何在这方面积攒知识和经验。

我的第一个想法就是，如果毕业后想从事与人力资源相关的工作，那就要有与人力资源相关的知识。所以从大二开始，每个周末我都会去中南财经政法大学修人力资源管理的第二学位，补充专业知识。同时，我参加了学校的职业生涯规划大赛，来验证自己的职业生涯规划的可行性。在比赛的过程中，我获得了很多评委的认可，也拿了奖，于是对自己的职业生涯规划更加有信心了。

大三，我参加培训班，考人力资源管理师证，加入职业发展联盟社团。大四，我去师兄所在的公司找实习岗位，真实地了解了人力资源管理的大概工作内容。大五，我去上海找猎头公司实习了 4 个月，专项提升自己的招聘能力。

2016 年毕业时，我顺利拿到了几家公司的入职邀请，但只有两个是与人力资源管理相关的，最后我选择了在酒店行业从事人力资源管理工作。

虽然酒店行业的人力资源管理工作不是最理想的工作机会，但是在顺利得到它的时候，我感受到了对自己进行职业生涯规划并一步一步去实现规划的乐趣，也对未来充满期待：无论你想做什么，只要你愿意下功夫，这件事情就一定能做成。

> **· 行动清单 ·**
>
> 　　尝试主动设计自己的人生，想象 3 年后，你的人生
> 状态是怎样的。

2. 第二次破局，主动学习，拥有"超能力"

　　2016 年毕业，我满心欢喜地拿到了入职邀请。可当正式入职了这个岗位时，我发现实际情况与自己想象中的差距有些大。一方面，酒店行业的人力资源管理专业性要求不高，很多与行政相关的工作被放进了该岗位；另一方面，因为工资低，我只能住公司宿舍，在食堂吃饭，生活品质很低；此外，在酒店行业，人力资源管理岗位好像不那么受重视。

　　我在入职的第一个月非常努力地去适应，但依然动过离职的念头和很多其他的想法。比如如何去更专业的公司工作，要不要尝试去做与编辑、新媒体运营相关的工作，要不要辞职给自己一个间隔年，等等。

　　此后，我投了几份简历，也参加了面试，但是面试后我发现：如果因为不满意现状想逃离现在的生活，但能力又没有提

升，大概率只能找到另一份不满意的工作；想要获得更好的工作，关键不在于重新选择，而在于提升能力。能力没有提升，盲目跳槽，只会原地踏步。

所以，我开始转变策略，不再想着离职，而是想着如何在工作岗位上及利用工作之外的时间提升自己，夯实自己的专业能力和通用能力。

2016 年被称为"知识付费元年"，我在网上搜索与人力资源管理相关的课程时，感觉发现了新世界。网上有很多不同类型的讲师，他们通常因为专业能力强，也喜欢分享，于是慢慢地成了讲师。他们用心经营自己的自媒体，积累自己的粉丝，然后在网上开课、接广告。有时候，他们的副业收入甚至可以超过主业收入。

那时流行一个词，叫作"斜杠青年"，指的是凭借多项技能获得多份工作和收入的青年。同时，我也了解到自由职业者这一身份。自由职业者不必在一家公司任职，而是游离在公司之外。他们通过接外包项目、做讲师，或者以兼职合作的形式给不同的平台和个人提供服务，从而获得报酬，比如摄影师、自由讲师、作家等。了解到这些的时候，我不禁感慨：原来还可以这样生活，原来还可以这样做。

8 小时之内谋生存，8 小时之外谋发展。我每天除了好好工作之外开始疯狂地学习，拿出了备战高考的心态，想着 3 年后可以成为一名自由职业者。但到底学什么，这又是一个问题。不过不管怎样，先行动起来再说。职业定位不是完全静态的，而是需要你逐渐深入地探索，进行动态调整的。所以那时候我学的东西比较多，尝试的东西也比较多，包括以下方向。

写作：在简书上更新文章，在微信公众号上更新文章，想成为新媒体写作者。

户外：每周抽一天去徒步、越野、爬山，想成为导游。

摄影：约朋友出去拍照，拿着单反相机出去拍夜景，想成为摄影师。

英语：继续保持学习英语的习惯，想出国寻求机会。

会计：学习财务知识，想转行做会计。

健身：每天下班后去健身房健身一个半小时，学习瑜伽和健美操，想成为兼职健身教练。

想让自己成长得更快，我们不应一味地叠加动作却不做思考，而应叠加后不断地思考提纯，发现自己内心真正喜欢的事情和做得好的事情。经过 3 个月的尝试和分析，我在每个方向都有了一些结论。

写作：我在简书上的一篇文章上了热门，还有好几篇文章的点赞数和评论数比较多，我的微信公众号文章也有很多人点赞，所以我可以好好探索这个方向。

户外：只是玩玩而已，没有什么外部反馈，感觉自己也不擅长带队，所以这个方向只适合当作兴趣，不适合发展事业。

摄影：有些朋友说我拍得好，还想邀请我给他们拍照，这个方向或许也可以好好培养。

英语：特别需要坚持，由于我三天打鱼，两天晒网，而且没有使用英语的环境，因此后来放弃了。

会计：相关知识太专业了，我搜索了一些资料后就直接放弃了。

健身：只是当时喜欢，去健身房练了两个月，了解了一些健身教练的日常后，我就没有什么兴趣将其发展成事业了。

经过以上思考，最后我选择了写作，决定成为一名内容创作者，把写作发展成副业，慢慢地建立自己的知识体系，提升能力，建立个人品牌。想要提升写作能力，有一件非常重要的事情，就是要让自己每天都有东西写。为了让自己有东西可以写，我大量地阅读，又大量地学习，我在 2016 年买了很多书，也参加了一些课程。

在阅读和学习的过程中，为了促进知识吸收，提升记忆效果，我开始用软件做思维导图和知识卡片，并且把这类笔记分享到网络上。持续更新大半年后，很多人在网上看到我的思维导图和知识卡片做得好，都来留言说想学习这种做笔记的方式，每天都有人添加我的微信，要我教他们做笔记。第一次，我觉得自己离当自由讲师近了一些。我在写作的过程中也非常沉迷于做思维导图和知识卡片，甚至想花更多的时间去做这些，而不是写作。

在迷茫的时候，你要行动；在不确定方向的时候，你更要行动。行动起来，才有反馈，而好的反馈就是你的指南针。我开始调整自己的细分方向，在内容创作者的身份上，更细分到做思维导图和知识卡片，想着未来变成一名教别人用思维导图和知识卡片来提高学习效率的老师。于是，我开始围绕这个方向更精准地努力。

> 每周阅读一本书，输出一张思维导图和知识卡片；
> 持续思考和沉淀思维导图和知识卡片的制作心得和方法；
> 分享一些教程在微信公众号上；
> 挖掘思维导图和知识卡片在自己工作中的应用场景；
> 阅读与学习方法、思维导图和知识卡片相关的书籍。

当你行动起来让自己慢慢变优秀，很多机会都会悄然到来。做思维导图和知识卡片变成我的一项"超能力"，让我在职场上也慢慢地朝着好的方向发展。例如：我因为做人力资源管理系列的思维导图，9 个月后从酒店分店被提拔到总部，负责 300 多人的人力资源管理线上培训；在总部待了 6 个月后，我又凭借较强的学习能力和总结能力跳槽到了生物行业的龙头公司做招聘。当我跳槽的时候，我感觉自己顺利实现了大学时的职业生涯规划，即把人力资源和动物医学结合在一起。

· 行动清单 ·

> 思考围绕你的目标，你最想获得的"超能力"是什么？为了拥有这项"超能力"，当下你马上可以做的事情是什么？

3. 第三次破局，把"超能力"发展成职业

到了喜欢的行业和公司，自己的兴趣爱好也在慢慢得到培养，一切都在朝着理想的方向发展。但在第二家公司工作了1年2个月后，我离开了职场，正式开始把自己的兴趣爱好发展成自己的职业。

离职之前，我深刻地记得当时我在为人力资源部门招一个培训经理，找了2个月都没有找到合适的，而我的老板跟我说，招聘35岁以上的人要慎重考虑……我当时对自己的职业产生了怀疑：35岁以后，我该去做什么工作？

而我当时的工作加班严重，虽然是双休，但招聘压力让我不得不每周末花1天时间来加班。同时，职场中的人际关系也变得复杂起来，这让我心力交瘁。所以，每天我身心疲惫地回家后，只想躺着，根本没有时间来提升自己，更别提继续学习

并发展自己的兴趣爱好了。此外，当时我的身体出现了一些状况，头上长了好几处硬币大小的斑秃。医生说，这可能是精神压力达到一定程度后，身体发出的预警。

我好像找到了各种离开职场的理由，而且外部也有一种很强的力量来拉我离开职场。每天都会有人添加我为微信好友，问我有没有与思维导图和知识卡片相关的课程，想报名跟我学习。当时我在一个平台比较持续地提供有偿做思维导图和知识卡片的服务，也有微薄的副业收入。既然有副业收入，又有市场需求，我开始想抓住机会离开职场，出去闯荡一番。

有时候，年轻也是一种资本。与其等到 35 岁之后陷入尴尬的境地，不如现在借着时代的趋势，用最低的成本去创业。自身能力的积累、外部需求的信号，给了我很大的勇气和底气，前后思考了 1 个月，我离职了。

2018 年 12 月离职后，我把自己清空了一下，去北方玩了 2 个月，体验摄影之旅。2019 年 3 月，我回到深圳，正式开始知识可视化方向的创业。2019 年 5 月，我真的成了一名自由讲师，开发了自己的训练营，并且 3 天变现 2 万元——与我刚毕业进入职场时 2800 元每月的工资相比，多了好几倍。2020 年，我成立了工作室，开发了 3 种系列课，和 10 多个企业有合作，月收入超过 10 万元。2021 年，工作室招了全职员工，租了线下办公场地，知识变现近 100 万元。

我经常会觉得，这个时代太好了，给了很多普通人机会，只要你有想法，愿意付出时间和努力，这个世界就会给你应有的回报。过去我们谈创业，可能需要各种资源的积累，而在移动互联网时代，你只要有善于思考的大脑、勤劳的双手，有一台计算机、一部手机，就可以开创自己的一份小事业。

在这两年的时间里，我感觉自己的成长速度比在职场快 10 倍。一个人就是一支队伍，我自己做产品、做运营、做营销，不断提升自己的商业思维、管理能力。我克服了内心的很多障碍，越来越清楚地认识自己，也越来越对未来充满期待。

创业后，我经常过着"996"的日子，虽然工作很辛苦，但内心是甜的。我也真真切切地体会到那句话：这世上没有100% 完美的工作，只是你能为了心里的那份热爱，而所向披靡地去坚持、去克服、去迎接任何挑战。

当你愿意不计回报地付出时间和努力的时候，或许你就能找到内心的热爱。而当你找到自己的热爱时，同样会有一些令你糟心的、难过的事情发生，但当你可以面对它们时，你已经有了打败它们的勇气。

我从大一学习动物医学专业开始，探索做生物行业的人力资源管理工作，再探索成为内容创作者，又持续探索成为思维导图和知识卡片笔记法讲师。我的每一次探索都有了结果，我也终于找到了自己喜欢的生活方式，我越来越相信，这个世界上一定有你喜欢它并且它也喜欢你的工作，只要你去找，就一定能找到，只要你努力行动，就一定能成功。

念念不忘，必有回响。理想是长出来的，是你花时间和精力去浇灌出来的。不满于现状，就强势成长，去解决一个又一个的问题，这样你就能找到自己内心的方向。

· 行动清单 ·

思考如何把你的"超能力"变成你的职业。

2 面对焦虑，如何向内探索找到力量

向你介绍了我的职业探索之旅后，我想给你提供一些具体可行的方法，帮助你更好地进行职业探索，这些方法主要围绕我们应如何认识自己和了解世界。

寻找热爱的事业的第一步是认识自己，认识自己也是一生的课题。我在探索和规划自己的职业生涯并且慢慢实现规划的过程中，发现有一种力量非常重要，那就是保持乐观，发现自己的力量。

这两年我做了近200场咨询，发现很多人不知道自己喜欢什么，不知道自己擅长什么，他们很少去思考自己真正想要什么。如果你真正地认识自己，知道什么是对自己最重要的，就会在面对很多选择时比较从容和淡定，也不会人云亦云。

所以，这一节我想和你分享我曾经用过的自我觉察工具、职业测评工具，来帮助你更好地认识自己。

1. 觉察思考，通过自己认识自己

我是谁？我从哪里来？我要去往哪里？这 3 个问题，可能大多数人都没有认真思考过。读中学时，只想未来考上好大学；读大学时，只想毕业后找到好工作；工作后，只想按部就班地成家立业。

人生的每个阶段好像都有站点，我们到达站点后，取一张票，继续匆匆上路。可是我们好像没有想过，我们最终要去往哪里，要用怎样的方式度过这一生。我们好像也没有想过，未来和自己的儿孙说起自己的故事时，希望自己在他们的记忆里留下什么样的印象。

关于我是谁，我要成为一个什么样的人，印象中，我有两次非常深刻的自我思考。

（1）重要的不是结果，而是过程。

初中时期的一天晚上，我收到了很多来自家人的信息——家里的经济状况不好，他们希望我好好读书，考上好大学，有出息，等等。当听多了家人的期待后，我开始有了第一次严肃的思考：长大后我到底要做什么？怎样才算有出息？

我给自己想了 3 个答案。

长大后，为了父母，我想成为一名医生。希望他们身体不好的时候，我可以给他们看病，让他们长命百岁。

长大后，我想成为一名老师。因为我不喜欢父母的教育方式，所以为了我未来的子女，我要成为一名老师，更好地教育他们。

长大后，我想成为一名作家。我想写好多本书，因为我爱好写作，我喜欢把自己的思考和感悟都写下来，分享给很多有需要的人，影响很多人。

在这3个答案的背后，我们可以看到3种思考。

思考一：关于我要成为一个什么样的人，当时的我把这个问题的重点放在了"未来我要做什么工作"上，把"我想成为一个什么样的人"和"未来我要做什么工作"绑定在了一起。

思考二：在思考"未来我要做什么工作"的时候，我优先考虑谁需要我，同时我需要满足谁的期待，于是我先考虑父母的需要，再考虑子女的需要，最后才去考虑自己真正想做的是什么。

思考三："未来要做什么工作"取决于我们内心深处的喜好是什么。

关于"我是谁，我要成为什么样的人"，重点不在于你最后真的要成为你想成为的那个人，而在于这个问题会让你在当下就可以更认真地生活，更有方向地开始行动。当你真正开始行动起来时，你人生的各种可能性就会增加，你会主动拥有和创造一些东西。

有一次，我接待了一个朋友，她说："我最近很难受，因为我要被迫离开熟悉的城市，去新的城市，我也不喜欢现在的工作，想重新找工作，但是我不知道自己应该找什么样的工作。现在我的情绪非常低落，我不知道做什么。"

为了更好地了解她，我帮她梳理了从高考到现在的经历。我们发现，她的每一个重大决策都不是自己做的，做那些决策的人要么是父母，要么是另一半。而毕业后找工作，她也觉得自己只能找与专业相关的工作，于是就按部就班地找了这份工作。而当原来的环境改变，她要重新开始时，她就完全不知如何做选择。接着我问她：

你最喜欢做的事情是什么？

你做什么事情会开心？

你最擅长的事情是什么？

令你最有成就感的事情是什么？

我问的每一个问题都让她不知道该如何回答，她很难想到自己有什么真正喜欢的事情、感兴趣的事情。我问到最后一个问题时，她忍不住流眼泪了，说："毕业 7 年了，原来我对自己一无所知，我一点儿都不了解自己，我一直活在别人的期待里，我感觉很难过。"我跟她聊完后，也觉得很难过：认识自己是一生的课题，可怕的是，许多人从来没有正视过这个课题。

许多人习惯了听别人说在每个年龄段应该做什么，就去做什么；什么工作是大众眼里所谓的好工作，就去做什么。许多人一直在用别人的标准和期待来设计自己的人生路径，从来没有自己思考过。

世界在变化，社会在进步，别人也在成长。如果我们总是依赖他人的标准和期待来生活，从不自己去思考和理解这个世界变化的规则是什么，那在不断的变化中，我们就不能根据这个规则实时调整自己的人生计划。没有判断力的我们，就像一艘没有指南针的船，随时都有偏航的危险。

环境的改变使很多行业和岗位受到影响，但也有很多人，凭借一腔的热爱，找到了新的土壤。我渐渐发现：职业并不是不变的东西，我们的价值观和兴趣爱好才是真正的指南针。时刻拥有自己的指南针，任世界如何变化，我们都能知道方向在哪里，都能充满期待地找到适合自己兴趣和爱好的土壤，重新开始。

（2）这不是静态思考题，而是终生思考题。

第二次思考"我是谁，我要成为一个什么样的人"时，我的思考更加深刻了。

2018年，在职场内环境的压力（意识到年龄将成为人力资源管理岗位的发展天花板且自身身体出现状况），以及职场外环境的拉力（成为思维导图和知识卡片笔记法讲师的召唤）的双重作用下，我开始重新思考这个问题：我到底要成为一个什么样的人？

选择1：在人力资源管理行业继续埋头苦干，突破35岁的瓶颈，或者35岁之后再创业。

选择2：直接离开职场，去做自己更想做的事情，圆2016年种下的自由职业的梦，全力以赴，看自己能走多远。

　　我相信只要我们找到自己热爱的事情，就省去了很多不必要的坚持。为了避免头脑发热做出冲动的决定，我决定重新认识一下自己，于是又借助图 1-1 给自己做了一次全面梳理，将自己 2018 年全年的经历梳理了一下，按照以下几个步骤进行了思考。

我想成为一个什么样的人						
月份	能量值	成就事件	兴趣萃取	能力萃取	找到结合点	行动计划
1 月						
2 月						
3 月						
4 月						
5 月						
6 月						
7 月						
8 月						
9 月						
10 月						
11 月						
12 月						

图 1-1　成就事件萃取兴趣、能力图

① 赋予能量值。

　　用 0~10 分给自己的能量值打分。这里的能量值是指你的状态，代表你每个月的满意度，是你的心情好坏及自我价值感高低的一种体现。

② **挖掘成就事件。**

提炼自己每个月的成就事件。成就事件是指让自己感到开心、快乐、满意的事情，也包括你觉得做得很棒的事情、获得外界认可的事情。

③ **萃取兴趣方向。**

梳理完后你会发现，能量值高的月份，梳理出来的成就事件比较多；能量值低的月份，梳理出来的成就事件比较少。这样你就能觉察到自己的兴趣是什么。比如我梳理完后，发现能量值比较高的几个月份都是我出去旅行，进行深度学习，做自我探索和思考的月份。你可以把自己所有与兴趣相关的成就事件归为几个大方向，比如我当时萃取出来的兴趣方向有：摄影旅行、视觉设计、自我探索、逻辑思考（本书萃取表示提纯、归纳之意）。

④ **萃取相关能力。**

有些成就事件的达成是源于你获得了外部认可，获得了好成绩，你可以从这些成就事件中萃取出一些自己已经具备的能力。比如我萃取出的能力有：摄影构图、设计排版、知识萃取、自我思考与定位、逻辑思考与总结。

⑤ **找到兴趣和能力的结合点。**

思考把兴趣和能力结合在一起，会产生怎样的职业。比如当我把兴趣和能力结合在一起时，我发现第一个结合点是视觉，无论是摄影，还是思维导图和知识卡片这种把知识变成图的形式，都是一种视觉表达；第二个结合点是我很喜欢进行自我探索和自我思考，很关注自我成长；第三个结合点是我很喜欢做有深度的逻辑思考，享受逻辑思考的过程。所以，最后我勾勒出了这样的一个形象：我是一个阳光温暖有力量、内心平和而丰盈、关注自我成长并持续影响他人、喜欢进行深度思考的视觉笔记工作者。而最终，我也要朝着这样的形象努力，成为更美好的自己。

⑥ 找到具体职位，去试错。

关于"我是谁，我想成为一个什么样的人"，这次我给出的答案不再是一个简单的职业，而是一个职业群，最后的落脚点是"视觉笔记工作者"，这是我自创的词，可以包括摄影、设计、知识的视觉呈现等一系列与视觉相关的事情。但应该先从哪件具体的事情开始呢？

接下来，就是寻找市场需求，进行试错的过程。

在视觉笔记工作者的范畴里，我在 2019 年 1 月先去尝试了摄影旅行，体验了把生活视觉化的感觉；发现风险较大且成本较高后，我于 2019 年 3 月回归到知识视觉化的行业，聚焦思维导图和知识卡片方向。在这个过程中，我通过"做中学"，慢慢地提升了一些其他能力。这个定位直到现在我还在践行。而我每次想到这个定位的时候，我的内心就充满了力量，感觉还有很多神奇美妙的事情等着自己去发现。

当我遇到困难、挫折、挑战的时候，我也会想到这个定位，然后告诉自己：不着急，慢慢来；只要方向是对的，慢一点儿也没关系。持续去做你喜欢的事，围绕兴趣慢慢提升自己的能力，终有一天，你可以把热爱变成自己的事业。

2. 工具测评，借助外力了解自己

　　除觉察思考外，使用测评工具也是一个认识自己的办法。我在大学做职业生涯规划时，做过一次霍兰德职业兴趣测试，以此来了解自己喜欢什么样的工作。霍兰德职业兴趣测试把人的职业兴趣分为 6 种类型，具体如下。

　　事务型（C）：这类人喜欢有秩序的、有固定要求和标准的工作，代表职业有会计、责任编辑等。

　　现实型（R）：这类人喜欢做动手类的工作，代表职业有园艺师、木匠等。

研究型（I）：这类人喜欢探索、探究、思考，代表职业有实验室人员、生物学家、化学家等。

艺术型（A）：这类人喜欢自我表达，喜欢富有创造力的工作，代表职业有设计师、作家等。

社会型（S）：这类人喜欢与人相处，喜欢帮助别人，代表职业有教师、心理咨询师、护士等。

企业型（E）：这类人喜欢领导和支配他人，敢于承担风险，代表职业有销售员、企业家等。

霍兰德职业兴趣测试并不是直接给你确定了某个职业，而是帮你缩小职业探索的范围，让你更快、更精准地找到自己热爱的工作。

我在大一做该测试时，得到的兴趣组合代码是 EAR，即企业型、艺术型、现实型，这意味着我会对文化、艺术、设计类，与市场、销售相关的工作更感兴趣。

如果没有做这个测试，我可能会非常盲目地去尝试，不知道自己适合做什么，也不知道自己可以先去尝试做什么。做完这个测试后，我突然觉得，自己看世界的镜头慢慢聚焦了，虽然还是有些模糊，但比原来的"一片茫然"清晰了很多。

因为做了这个测试，我选择参加了一些与艺术、设计等相关的社团活动，比如参加学校某个社团的 Logo 设计大赛，加入学校的艺术团，在节日摆摊卖苹果，成为校园大使代言游学项目，等等。我更加精准地去尝试、去体验，也去觉察和感受自己是否真正喜欢和擅长这些。当你总是根据自己的兴趣去做事情，同时又能培养自己在这一方向上的能力，还能以此获得回报时，你就真正地找到了自己的职业甜蜜点，即兴趣、能力、价值回报三者的叠加。

2021年10月，我又做了一次霍兰德职业兴趣测试，测试结果是ASE。我惊喜地发现，这3个职业代码非常符合我现在的工作。A代表我喜欢艺术，这与我现在教授的思维导图和知识卡片的视觉呈现方法非常匹配；S代表我喜欢服务他人，喜欢做社会类的工作，这与我现在作为老师分享知识和做技能教学类的工作很匹配；E代表我喜欢领导和支配他人，这与我现在处于创业时期并且带团队的状态很匹配。所以，我的职业兴趣正是我现在所做的事情，而又因为这些事情，我找到了自己的价值，获得了对应的回报。我现在就处在职业甜蜜点中，工作满意度非常高。

所以，你不妨也通过霍兰德职业兴趣测试来发现自己的职业兴趣。除了霍兰德职业兴趣测试外，还有一些职业测评工具可供使用，比如盖洛普优势识别、MBTI职业性格测试、DISC性格测试等。

· 行动清单 ·

通过霍兰德职业兴趣测试，测一测你的职业兴趣，并为你的职业兴趣去做一些尝试。

3 思维受限，如何向外拓展发现机会

要找到热爱的事业，第一步是认识自己，第二步是尽可能多地了解世界。有时候你不会做选择，是因为你不知道有哪些选择，不知道人生还有哪些可能性。但当你走出去，你会发现人生有很多种有趣的活法，你会发现你有多种人生可供选择，这些选择总有一种可以满足你的期待。

你的视野决定你当前的选择，你所认识的世界决定你人生的可能性有多大。要知道这个世界到底有多精彩，你需要躬身入局去看看。

1. 全网搜索，拓宽视野寻找新可能

我常常惊叹：这个世界的职业太奇妙了，遛狗这件事也可以成为一种职业。如果你在网上搜索"遛狗师"，能搜出来一堆信息：

遛狗师月入过万元；

有一种职业叫作遛狗师，看完我羡慕了；

专业遛狗师 8 年遛狗超 5 万只；

…… ……

《商业模式新生代（个人篇）》里提到了一名摄影师，其名字叫安德烈亚·韦尔曼。由于特殊原因被公司解雇后，韦尔曼给了自己一段时间去重新发现自己。韦尔曼从小就喜欢跑步和遛狗，于是离职后，他就每天带着狗，一边遛狗一边跑步。偶然的一次机会，韦尔曼了解到有种职业叫作遛狗师，于是他开始思考自己有没有可能成为一名遛狗师。韦尔曼打电话问朋友是否愿意付费请自己遛狗，朋友很爽快地答应了。伴随着客户越来越多，韦尔曼也有了自己的遛狗团队。就这样，韦尔曼就把遛狗这件事发展成了自己的职业。

这个故事大大地启发了我，于是我想去看看人生还有哪些可能性。2018 年，在我不确定是否要离职的时候，我开始去发现身边有没有关于自由职业的组织或活动，因为我想去认识一些有趣的人。有一次为了真实地了解自由职业者的工作场景，以及他们到底是通过什么技能来实现自由职业的，我参加了一场线下活动。那场活动邀请了 100 名自由职业者来分享他们的工作、技能、故事，这群人中有人开民宿，有人做字体设计，有人玩花艺，还有人做城市导赏员，更有人用气球低成本创业……我参加完活动后在心底直呼：哇，原来还可以这样，这样的人生好酷啊。同时，我也认识到了自由职业的另外一面：原来自己雇用自己，自己给自己打工，是开心幸福的，但又是无比辛苦的。

参加完那场活动后，我心潮澎湃，开始相信：只要你想，真的没有什么不可能。所以从那以后，我一点儿都不担心未来无事可干，不担心没有工作。因为只要你心有热爱，找到任何一个小小的需求，你就可以去创造，创造出一个自己的职业。那场活动也让我萌生了快点去尝试新生活，快点去为自己的自由职业努力的念头。

这两年我也认识了很多朋友，他们有非常新颖的职业，并且在努力打造自己的个人品牌，比如催眠师、学习疗愈师、个人成长教练、跑步教练、酒店试睡员等。他们在认识我之前，万万想不到做思维导图和知识卡片也能发展成一门职业；而我在遇到他们的时候，也不曾想过，原来世界上还有这些职业。比如我有一位朋友，她是为球形关节娃娃制作衣服的，她在该细分领域做到了前几名，建立了自己的事业；还有一位朋友，刚毕业时是做护士的，后来逐渐发现自己很爱聊天，很喜欢与人沟通交流，于是开始做私聊成交，慢慢地成为一名私聊成交师，主要做 1 对 1 的营销咨询服务，也开发了相关课程教别人如何做产品的销售。

世界变化得越快，新的机会就越多，社会分工也就越细，你的最佳职业也因此而不断变化，比如现在的个人品牌商业顾问、社群运营顾问，都是之前不曾有的职业。选几件你感兴趣的事情作为关键词，进行全网搜索，把与职业相关的内容都找出来，然后了解一遍，或许你就会发现一片新大陆。有些你想做却一直不敢做、不知道怎么做的事情，或许在这个世界上正好有人在做，你可以去看看别人是怎么开始的。有时候，我们能够从别人的人生里看到自己的影子，然后了解自己想要去哪里。

· 行动清单 ·

以你的职业或你想从事的职业为关键词，去网上搜索，看看对现在的你有什么启发。

2. 职业访谈，深度了解职业的真相

有时候，我们很难做决定，是因为未来有太多的不确定性；我们会迷茫，是因为我们对未来想要做的事情一无所知就匆忙做了决定。在选择职业的时候，为了避免以上现象，我们可以尝试一个非常重要的活动——职业访谈。

在计划毕业后做人力资源管理工作的时候，我想了各种办法去了解这个职业的真实面貌。比如参加学校的春招会，在校园招聘中与人力资源管理人员对话，了解本行业对人力资源管

理职位的要求；同时添加了几位人力资源管理人员的微信，密切关注他们的朋友圈，了解他们的工作日常；和其中的一位人力资源管理人员保持长期的联络，通过邮件和电话沟通，尝试去了解以下这些问题。

人力资源管理人员的一天是如何度过的？

一个优秀的人力资源管理人员要具备的 3 种能力是什么？

人力资源管理人员经常与哪些同事和部门打交道？

在人力资源管理方面，对新人而言最大的挑战是什么？

毕业后如果想成为人力资源管理人员，我要做哪些准备？

后来我才知道这个过程叫作职业访谈，它是指当你对某个职业不了解的时候，去找已经在这个行业的人谈话，通过他人的经验来进一步了解真实的岗位情况。职业访谈的对象可以是自己圈子里的，例如你的师兄师姐。如果你想要找更专业的访谈对象，也可以去相关平台找专家咨询。

建议你在找专家咨询之前，先去网上搜索相关的职业信息，阅读相关的书籍，以帮助自己进一步了解这个职业；然后根据自己的理解，列几个你最想了解和确认的问题，再去找专家咨询，让对方给你一些建议和指导，以优化你未来的行动。

新精英生涯创始人古典老师写的《拆掉思维里的墙》这本书里提到了职业访谈问题清单，如图 1-2 所示。

职业访谈问题清单

1. 能否说说您在职场中的一天是怎样度过的?

2. 在这个领域做得不错的人,一般都具备怎样的能力和性格特征?

3. 您是怎么进入这个领域的? 什么样的教育背景或工作经验对进入这个领域会有帮助?

4. 这个行业的薪酬阶梯大概是怎样的? 除了工资,您最大的收获是什么?

5. 您今后几年的规划或更长远的规划是什么? 这个行业的晋升空间大吗? 这个行业的升职制度是什么? 同事中跳槽的人多不多? 这个行业的考核是怎样的?

6. 今后3~5年这个行业的发展趋势怎样? 公司前景如何? 影响这个行业的因素有哪些(比如经济形势、财政政策、气候因素、供货关系等)?

7. 对我的简历,您有哪些修改建议?

8. 我从哪里可以获得相关的专业信息(比如微信公众号、网站、论坛、专业期刊等)? 如果我准备好了,如何申请成功率会更高?

9. 根据今天的谈话,您认为我还应该跟谁谈谈? 能帮我介绍几位吗? 约见他们的时候,我可以提您的名字吗? 您还有没有其他建议?

内容来源 | 古典《拆掉思维里的墙》

图 1-2 职业访谈问题清单

如果你对某个职业感兴趣,试着揭掉该职业表面那一层光鲜的面纱,去看看这个职业背后辛苦的那一部分。当你做完职业访谈,了解了这个职业的真实面貌,对于好的方面充满期待,对于不好的方面也愿意全力以赴地去体验、应对和接受挑战时，那就勇敢地去尝试吧。

行动清单

找一个资深的行业人士做一场职业访谈。

---

3. 亲自体验，深度探索热爱的职业

比起职业访谈，更能真实地了解职业情况的方法是亲自体验。与其成为旁观者，不如躬身入局，亲自去体验。

如果你还在学校，不妨利用节假日去实习，去体验你想从事的工作；如果你已经在职，则可以通过参加社群活动或培训的方式去了解。如果你想全身心地去体验一番，也可以考虑在离职后别急着找全职工作，去做一些兼职性质的工作来了解它们的工作节奏和工作场景。

2018 年底，我决定成为一名视觉笔记工作者时，我给自己定了两个方向，它们分别是生活的视觉记录者和知识的视觉

设计者。生活的视觉记录者是用相机记录生活中的一切，朝着摄影师的方向发展；知识的视觉设计者是把知识设计成逻辑结构图，让知识更易懂。

我选择了先去体验成为一名生活的视觉记录者，但自己毕竟不是一名专业的摄影师，经济储备也不是很多，该如何让自己拥有这种体验呢？我用到了前文提到的"全网搜索"法，在全网搜索"义工旅行""摄影师"等词，想象着能找到一家客栈——需要义工又有摄影业务，那我就可以近距离地观察了解。做义工可以解决我的吃住问题，摄影业务可以让我拥有实习的机会。

当我在豆瓣、马蜂窝、新浪微博展开搜索时，我真的找到了。我发现了一家客栈，老板是"网红"，在马蜂窝上有几十万粉丝。他还是一名摄影师，在视觉中国上有很多作品，这家客栈开在长白山，并且有旅拍业务。这简直太好了，看到他正在招募义工后，我兴奋不已，马上用思维导图做了一份匹配的简历，展现自己是一个能吃苦并会热情招待客人的人，有酒店行业的工作经验，还准备了几张摄影作品，体现我可以在旅拍业务上提供帮助。另外，我还特意声明自己马上会有一个间隔年，可以尽可能长地担任义工。在做好了充足的准备并跟老板通电话告知这些信息后，我获得了这次机会。

离职后，我从深圳到长白山，坐了两趟高铁、一趟火车。我计划了一个半月的时间，准备让自己去体验真实的生活旅行家的日常，体验用摄影记录生活的感觉。我深刻地记得，推开客栈的第一扇门，扑面而来的节日气息，让我对接下来的时间充满了期待。在长白山的客栈做义工的时候，我把自己当作一名店长，接待店里来来往往的客人，每天计算客房的住房率，招待从天南地北来到这家客栈的客人。有时客栈会组织聚餐，于是我会秀出我做南方菜的厨艺。为了让自己近距离接触摄影，我经常观察当地的摄影师在跟拍前做的准备工作，以及后期的修片工作。跟随摄影师一起外出拍照时，我会留意摄影师经常找的一些景点和角度。

在一段时间的默默积累后，我获得了第一次跟拍旅客的机会。原摄影师生病了，急需新摄影师顶替，于是我自告奋勇，开始了第一次跟拍之旅。我背着 3 个镜头，还有很多摄影的道具，以此来展现自己的专业性。我坐了一个多小时的车才到达目的地，当时我的任务是跟拍两个小女孩。第一次跟拍没有掉链子，出了很多图，这使我有了很大的自信，但同时我也遇到了一些问题：

3 个镜头非常重，我一整天都要背着相机及道具，第二天腰酸背痛；

整天都在寒冷的天气下活动，我被冻得不行；

拍了很多照片很兴奋，但我发现自己更享受拍的过程，而不是后期的各种修图调整。

很多时候，我们对某个职业会抱有一种幻想，可是你真正去尝试的时候，就会发现一些不曾想过的困难。如果你愿意为了自己喜欢的那一部分去克服眼前的困难，那么你就继续；如果不能，或者马上退缩了，那或许该职业还不是你的所爱。

有了第一次经历之后，我并没有放弃，我希望自己可以更多地去了解这个职业，以确定它是不是我喜欢的。所以，后来我又有了6次跟拍的体验，体验多了之后，我的思考也更加深入了：

这样的工作要一直奔波在路上，这是我喜欢的状态吗？

我要付出多少时间和努力，才能在这个行业里扎根？

要成为一名成功的生活的视觉记录者，我还需要付出哪些东西？

以目前的经验积累，我往摄影转型有没有优势？

如果继续往下走，我能想象自己的未来吗？

我愿意接受这种风吹日晒雨淋的户外工作吗？

当问自己愿不愿意一辈子做这件事的时候，我又犹豫了。我很喜欢摄影，但是我当下的能力不足，而且我不喜欢修图和做视频，只喜欢将美好定格成画面，因此我可能不适合将其发展成职业甚至事业。最终我觉得可以将摄影这件事当作兴趣，有时间玩玩，没时间就不去管它。

而在知识的视觉呈现这条路上，我已经有了两年的积累，个人品牌效应也慢慢形成了。所以我往知识服务方向、教育方向发展，或许更能结合自己的兴趣和能力。由此我也总结出来一个道理：有的兴趣，你真的只能把它当作兴趣，而有的兴趣，你可以把它发展成事业。

当我把很想去体验的生活体验了之后，我也明白了自己最想做的是什么，以及最擅长的是什么，也更能安心地去尝试下一份工作了。

在不断向外探索和尝试的过程中，我们应该有一种非常重要的心态：不念过往，不畏将来。有人会问我："莎莎，你大学学了 5 年的动物医学，毕业却从事了人力资源管理，做了 2 年人力资源管理后，又离职从事了知识可视化方向的工作，那你过去的大学是不是白读了？行业经验是不是白积累了？而且你的工作换来换去的，这是不是代表你做一件事不够坚持？"

5 年的大学时光里，其实最重要的不是学到知识，而是心智的成长。这个世界上没有白走的路，你读过的所有书，经历的所有事，都会沉淀成你的思维和能力，在未来的很多事情上发挥作用。很多人在找工作时，只是因为自己学了某个专业，所以就找对应专业的工作，但如果自己不喜欢不擅长这类工作，就只是浪费了光阴，辜负了自己的天赋和特长。

其实很多时候，时间是最大的成本，我们在做职业规划时要做到及时止损。在旧机会无法满足你，你又遇到新机会的时候，一旦发现新机会更适合自己，就要尽快去勇敢前行，不要对过往念念不忘。

在做职业生涯规划时，与极速行动相反的是迟迟不能行动，不愿意接受任何决策带来的风险。有时候我们总希望能弄清楚自己最终想要的是什么样的生活，然后画出固定的路线，一步一步地去做，并且最好在这个过程中，不会有什么意外发生。我们还希望有人告诉自己，到底要付出多少努力才能获得回报，如果知道自己要付出很多努力但不见得有回报，那还不如直接放弃。

但是有时候，我们就是无法确定自己的方向，那就试着不找灯塔，找山顶。在视野范围内，你不一定看得到灯塔，但是你目光所及的最高点一定有一个山顶。在力所能及的范围内，先以一个你能看到的山顶为目标，去攀登，等拿下这座高山后，你会看到更大的世界，然后再找一个新的山顶作为目标，去拿下那座新的高山。

人生不在于按部就班地前行，而在于不断地攀登，挑战一个又一个目标。当你征服一座又一座高山的时候，你会发现，你站得高了，也看得远了，景色也变美了，你终于知道自己最想去哪里了。

这个世界没有永远的确定性，只有永远的不确定性，怎么办？那就拥抱不确定性，在各种不确定性中保持灵活自如，在各种挑战面前永不止步。与其因寻找确定性站着不动，不如因拥抱不确定性灵活行动。

行动清单

　　围绕你感兴趣的职业，去网上搜索相关的组织，尝试做一次志愿者，体会其中的乐趣。

专业力 搭建稳定的体系

专注和专业，是你的护城河。

如果你很迷茫，不如找到自己热爱的事情，

并一点点地让自己更专业。

1 从零开始，搭建知识体系

很多人尽管学了很多知识，但总感觉知识用不上，也分享不出去，原因主要有 3 个方面：一是没有画成长路线图，没有明确阶段性的学习重点，所以盲目地学了很多；二是没有把学的东西串起来，搭建自己的知识体系；三是没有去挖掘知识的应用场景，建立知识与场景的连接，所以学了很多知识都用不上。

1. 画成长路线图，明确阶段性重点

我们如果要自驾去一座陌生的城市，一定会查一查路线图，看看有几条路线，每条路线的交通状况如何，先到哪里，再到哪里，路上有几个服务区，以便更从容地上路。学习也是一样，如果想把热爱变成事业，就需要在现实和理想之间画一张清晰的路线图。这张路线图就是你的成长路线图，能指导你一步步地搭建自己的知识体系，帮助你把理想变成现实。

举个例子，2016 年的时候，我想在 3 年后成为一名知识型自由职业者，于是把成为自由职业者作为目标，并根据目标

画了一张路线图，具体画法如下。

（1）拆解必经之路，分成几个阶段。

如果你未来的职业方向是获得公司里某个具体的职位，那你可以找到它的具体晋升路径，慢慢满足目标职位的要求。如果你未来的职业方向是像我一样成为自由职业者，那你可以去了解专业领域内做得好的老师的经历，看他们经历了哪些阶段，分别做了哪些事情。

为了实现知识变现，我当时划定了如下 5 个阶段。

第一阶段，搭建知识体系：选定方向做高强度的输入、内化、输出。

第二阶段，建立个人品牌：多分享，多与外部建立连接，体现自己的专业性，慢慢在他人心中建立影响力。

第三阶段，打造知识产品：多实践，多解决问题，积攒相关经验并使其变成显性知识，打造自己的知识产品。

第四阶段，运营营销变现：面向精准用户推出自己的知识产品，做好运营和交付，持续变现。

第五阶段，搭建平台，在市场中形成影响力。

（2）罗列每个阶段需要提升的核心能力。

在搭建知识体系、建立个人品牌、打造知识产品、运营营销变现、搭建平台这几个阶段中，每个阶段的核心目的不一样，所以你需要提升的核心能力也不一样。回顾这几年的成长，我将每个阶段需要提升的核心能力规划如下。

第一阶段，搭建知识体系：提升自己的专业能力、学习能力，多看与认知学科、学习以及底层原理相关的书籍，还要提升自己的逻辑能力，在做事情时擅长找到底层规律。

第二阶段，建立个人品牌：提升写作能力和演讲能力，通过文字或语言展现专业知识，与他人建立联系，同时提升新媒体平台运营能力，开始运营新媒体平台，积攒粉丝。

第三阶段，打造知识产品：提升用户思维、课程开发能力和产品设计能力。

第四阶段，运营营销变现：提升运营能力、营销能力和统筹能力，运营用于放大产品价值，营销是把产品卖给更多人，统筹是管理整个团队、整个项目。

第五阶段，搭建平台：提升自己的资源整合能力、商业思维能力和连接能力，将自己的产品更好地推向市场。

（3）评估每个阶段所需要的时间。

评估每个阶段所需要的时间，设定时间周期也很有必要。评估每个阶段所需要的时间时，你可以借鉴行业里成功人士的经验，了解他们在积累阶段做了哪些事情，分别花了多少时间。你也可以根据自己每天可以投入的时间来评估。

我按照以上步骤中设定的不同阶段、所需要提升的核心能力和计划所用的时间画了一张成长路线图，如图2-1所示。

成长路线图

以知识型自由职业者为例

未来的你			

阶段	三大核心能力			计划时间
第五阶段 搭建平台	资源 整合能力	商业 思维能力	连接 能力	1~2 年
第四阶段 运营营销 变现	运营 能力	营销 能力	统筹 能力	0.5 年
第三阶段 打造知识 产品	用户 思维	课程 开发能力	产品 设计能力	0.5 年
第二阶段 建立个人 品牌	写作 能力	演讲 能力	新媒体 平台运营 能力	0.5~1 年
第一阶段 搭建知识 体系	专业 能力	学习 能力	逻辑 能力	1~2 年

现 在 的 你

@ 小小 sha · 原创图卡

图 2-1 成长路线图

值得注意的是，我们在画成长路线图时，每一个阶段并不是独立的。我们在搭建知识体系时，依然可以对外分享、与外界建立连接，慢慢地建立个人品牌；建立个人品牌时，我们也可以根据用户和粉丝的需求来打造知识产品，为个人品牌商业化做准备……每个阶段有主要任务，也有辅助任务，环环相扣。但切记不要在地基还没有打实的时候就着急变现。当输入跟不上输出，成长跟不上用户的需求时，你就会逐步消耗自己，无法提供好的服务，进而慢慢失去用户的信任。

· 行动清单 ·

围绕你理想的职业，画一张你的成长路线图。

2. 找概念名词，夯实专业基础

所谓的"独立思考"是少有人能够拥有的高级能力，对其最朴素的描述无非是能够独立、正确地使用那么几个概念。

如果你想在某个领域变得专业，就必须尽可能多地弄懂这个领域的概念。当对方询问本领域的某个概念时，你可以马上回答对方；当有人问你某一概念与另一概念的关系时，你能马上说出它们的定义和区别是什么。

我在围绕思维导图和知识卡片搭建知识体系、建立个人品牌阶段做了以下几件事。

① 全网搜索与思维导图和知识卡片相关的文章，将其整理成文档合集并逐一阅读。

② 罗列相关的概念，把概念抽离出来并逐个了解其具体含义。

③ 根据搜索到的具体含义，将重要的概念做成概念卡片，通过图解的方式让自己理解这些概念。这些概念包括逻辑、结构、模型、框架、发散、归纳、收敛、结构优先效应等。

真正弄懂了这些概念后，我觉得自己的专业基础非常扎实，并且在梳理自己的知识体系和做课程开发时，也相对容易。理解概念是搭建知识体系的基本功，基本功修炼好了，造的高楼大厦才会更加牢固。

如何找到某个领域的 100 个概念？以下是一些建议。

① 搜索文章：除了使用百度搜索外，还可以使用微信搜索，围绕关键词搜索出一系列文章，优先看点击量比较高、留言比较多的文章。这些文章的含金量比较高，你可以尝试阅读20 篇左右，并把这些文章里的概念挑出来。

② 搜索书籍：以专业领域的术语为关键词，打开电子书资源平台，搜索与该领域相关的书籍，并从中选出 10~20 本，

再从这 10~20 本书中选出 3~5 本精读，记录书里提到的一些概念。

③ 相关论文：去文献网站查找相关论文，可以帮助你更充分地了解某个领域的概念。比如我在搭建思维导图的知识体系时，就曾通过论文了解到了一个非常重要的概念——学科思维导图，这个概念对我后来搭建思维导图的知识体系起到了非常重要的作用。

100 个概念只是一个大概的说法，你可能并不需要找到 100 个；如果概念不够，模型、名人故事都可以，重点是你搜索了解专业领域概念的过程。当你把这些概念都挑出来并且深度理解后，你的知识体系就会更牢固，也会更经得起考验，你的思考也会更全面。面对用户提出的问题，你更能举一反三，更有底气地回答他们。专业就是你"行走江湖"的底气。

· 行动清单 ·

围绕你选择的领域，尽可能梳理出 100 个概念。

3. 挖应用场景，专业价值最大化

判断一个人是否专业，不仅要看他脑海里有多少理论知识，还要看他能不能解决真实场景中的很多问题。很多人经常会陷入学科式学习，而不是开展应用式学习。

学科式学习，是指陷入知识的世界里，越学越深，越学越欢喜，但只是满足自己的求知欲；应用式学习的目的是解决现实生活中具体场景中的问题，每学一个知识点都能够用其解决生活中的某个问题。

成年人在时间非常紧缺的情况下，学习时可以先满足生活需求，再满足精神需求。学习的第一层目的是学有所用、解决问题。所以想要提升自己的专业能力，除了学习知识，还必须弄清楚专业知识可以帮助哪些人，解决哪些具体场景中的哪些问题。能解决的问题越多，应用范围越广，你的专业知识就越有价值，你也能更快进入专业变现的阶段。

举个例子，很多人知道摄影师一般从事的工作是节目制作、广告拍摄、婚纱摄影、生活摄影等，而随着知识付费和知识服务的兴起，大型会议和线下课堂也需要全程跟拍。这一方面是为了传递会议或课堂的商业价值，参会者一旦发朋友圈宣传，就起到了宣传作用；另一方面，参会者不仅收获了知识，还收获了可以带走的美图，他们就有了非常好的附加体验。我的一个朋友之前是从事人像摄影的，现在给知识 IP 或创业者拍照、做短视频，用照片和视频记录个人成长故事，用摄影为知识 IP 塑造专业形象并传播品牌故事。

　　我刚开始做思维导图时就探索了思维导图的很多用途，比如做工作计划、生活总结、活动策划与复盘、学习课表、日常食谱、旅行路线图、工作流程图、宣传海报、工作汇报……当我能用思维导图去解决生活中遇到的每个问题时，我就把这项技能练习到位了。与此同时，我发现每一种用途都是一个值得仔细研究的小领域，值得持续投入时间去学习、应用并推广。

　　后来在我教授做思维导图和知识卡片的课程中，除了有爱学习的人想要提升学习效率，还有很多人有不同的需求。例如，内容创业者想提升内容呈现的丰富性，微商想更好地宣传自己的产品，还有人想通过这种方式来运营自媒体，等等。

　　《用设计思维解决商业难题》这本书里提到了一个发现设计创意的方法——新结合法，即把看似不同的要素强行组合在一起来产生设计创意。具体来说，就是不断在脑海里构建 A×B 的等式，其中 A 是用户，B 是用户的需求场景。

　　我们在挖掘专业价值时也可以建立这种思考：A 是你的专业技能，B 是你能想到的场景，二者结合后就是专业技能在这个场景下可以发挥的价值。例如你的专业技能是舞蹈，那么舞蹈 × 培训 ＝ 趣味团建，舞蹈 × 教育 ＝ 舞蹈教学，舞蹈 × 直播 / 短视频 ＝ 舞蹈博主 / 艺术鉴赏，舞蹈 × 健身 ＝ 形体训练。再如你的专业技能是写作，那么写作 × 产品售卖 ＝ 成交文案，写作 × 职场 ＝ 公文写作，写作 × 情感 / 成长 ＝ 爱情故事 / 个人品牌故事。这些都是你可以拓展的写作价值或可以挖掘的细分垂直方向。

除了新结合法外，你还可以通过搜索专业领域的关键词来了解已有的应用场景，与种子用户一起探讨，共创这个领域的应用。无论如何，你想到一些应用场景后都可以去尝试，在一些具体应用场景中有了实践案例后，你会产生更多的灵感，而成功的应用案例有助于你在专业领域建立更好的口碑。总体来说，你要挖掘出更多的专业技能应用场景，放大专业价值，使自己的职业发展有更多可能性。

· 行动清单 ·

思考你所具有的专业知识，或者你现在所具备的专业技能，它们可以为哪些人在哪些场景中解决哪些问题。

2 深度学习，提升学习效率

知道学什么，是正确学习的第一步；知道怎么学更高效，是正确学习的第二步。学海无涯，如何在有限的时间里学到更多的知识？如何利用碎片化时间使学习的效率最大化？学习过程中，如何充分吸收所学的知识？这一节将教你用"可视化学习＋刻意练习"的方法来提升学习效率。

1. 可视化知识框架，理解知识逻辑

2017 年，我的学习重点是提升自己的认知力。当时我读了一本让我很有启发的书——采铜的《精进：如何成为一个很厉害的人》。我读完这本书后内心既兴奋又焦虑。令我兴奋的是，这本书写得太好了，其中的知识点对我太有帮助了，很多都是我当时需要的、可以打破我的认知的内容，我看完后想把整本书都背下来。令我焦虑的是，看完之后我只知道这本书非常好，但是书一合上，我什么都没有记住，更不用说运用这本书中的知识了。

你在阅读完一本书之后，是不是有同样的感受？我开始思考，到底如何才能学得更好？是像上学时一样在书上写满笔记？还是在本子上摘抄一个个关键点？摘抄式的学习笔记，我从上大学开始就一直在做，已经写满了几个本子，但是那些笔记本后来再也没有被翻过。而记在书中的笔记，回顾时要一页一页去翻，从密密麻麻的文字中去找，很费劲。

我无意间发现了思维导图的笔记形式，于是开始用思维导图做读书笔记。当用一张思维导图把一本书的精华内容整理出来后，我仿佛发现了新大陆，产生了以下变化。

① 阅读的时候，我更容易进入心流状态了，从原来的"容易被打扰"状态变成"不容易被打扰"状态。在自己很浮躁时，我就开始阅读、画思维导图，这能让我的心静下来。

② 我更容易从思维导图中看到内容的逻辑了。我原来阅读时经常读了后面忘了前面，现在每看一个知识点，通过思维导图很容易就看到其与前面知识点的联系，从而清晰地知道知识点之间是如何串联起来的。

③ 我读完书后不再有焦虑感，而是有一种踏实感。把一本书变成一张图，这给我带来了无限的乐趣和成就感。

④ 我意识到学得多不是目的，学通、学透、用得上才是目的。遇到一本好书，慢下来，借助工具把书读透，收获比囫囵吞枣地读 10 本书大得多。

有了这样一次实践后，我获得了一个有效的学习方法：思维导图笔记法。在后来的阅读中，只要遇到自己觉得很好的文章或书，我都会将其中的知识变成一张思维导图，存在计算机里。当我想要查找某个知识点的时候，这张思维导图就起到了知识地图的作用。通过这张图，我能了解这本书的知识点分布，也能回顾整本书的内容。如果在看图的时候无法看懂，我就可以根据相应知识点在图中的相对位置，找到该知识点在书里的具体位置，再仔细查看。

所以，用思维导图做知识笔记的核心，在于对知识背后的逻辑的挖掘与串联。如果你只是把书看一遍，那一些有用的知识就只是散落在你的脑海里，新的知识会很容易被冲走；而当你把一本书的精华知识穿成一串珍珠项链的时候，知识就不容易被冲走了，好像总有几颗珍珠在你的脑海里闪闪发光，不容易被你忘记。

如何用思维导图把知识串起来？关键在于阅读时你要不断地去找文章的论点和论据，再把论点和论据串成八爪鱼状或树状的思维导图，做到层次清晰、观点分明、论据充分。这样你在理解记忆的时候，思维导图会使知识在你的脑海里留下深刻的印象。

思维导图的不同分支、不同信息层都可以被设计成不同的颜色，在关键词处还可以添加一些视觉元素及图像来突出标记。在整个创作的过程中，我们的整个大脑都在思考和工作，可以更好地对知识进行理解和记忆。

知识之所以调用不起来，一方面是学的时候没有植入场景，没有考虑应用场景的问题；另一方面是学的时候没有理解透彻，于是学完就忘。而画思维导图能够挖掘知识背后的逻辑结构，可以有效解决知识理解得不透彻的问题。

· 行动清单 ·

尝试用思维导图梳理本书的逻辑。

2. 可视化核心知识，抓取关键知识

一本书用一张思维导图梳理出来就是一张网，但我们只想要网上的几个关键节点怎么办？那就用知识卡片。有段时间，为了弄懂如何学习更有效，我阅读了很多与脑科学、记忆、学习、思维相关的书，学到了一个很重要的词：组块。

人的记忆分为 3 种：瞬时记忆、短时记忆、长时记忆。

① 瞬时记忆：指感知事物后极短时间（如一秒钟左右）内的记忆，若不加注意和处理，很快就会忘记。

② 短时记忆：经过识记过程，在较短时间（如几秒至几十

秒）内的记忆。

③ 长时记忆：指存储时间在一分钟以上的记忆，一般能保持多年甚至终身，通常源于对短时记忆的复述，或者因为印象深刻一次就形成的记忆。

组块，就是短时记忆的信息容量单位。目前记忆研究专家所达成的共识是，短时记忆的信息容量为 4 个组块左右。以组块的形式记忆有一个特点：它能够有效扩大短时记忆的信息容量，因为它可被定义为一个数字、一个文字，也可以是通过某种联系形成的一句话、一段文字、一篇文章。比如一串数字"13978947680"，如果将单个数字作为一个组块，那么其一共有 11 个组块。按照正常的记忆方法，在念到 1、3、9、7 的时候，这 4 个数字就将短时记忆的 4 个组块占满了。但是如果我们把这串数字进一步组块化，变成 139-7894-7680，这 11 个数字就形成了 3 个组块，只占据了短时记忆 4 个组块中的 3 个，还剩下 1 个组块可以容纳新的信息。

为什么不把这串数字组合成 13978-947680，释放 2 个组块呢？因为单个组块内的元素最好也为 4 个。13978 这个组块中有 5 个数字，这会增加记忆负担。在日常的沟通交流中，我们在把自己的电话号码告诉别人时，11 位电话号码之所以常常会组合成 139-7894-7680 或 1397-8947-680 这样的形式，就是基于上述原理。

我们来将这个原理应用到学习中：针对一篇文章，我们画完思维导图后会发现该篇文章是可以解构出很多组块的，这些组块可能是一种方法、一个概念、一个模型、一个金句等。我们把自己原来的知识和经验当作长时记忆，把新知识当作短时记忆的组块，如果要将新知识记忆得更加深刻，最好能将其与原来的知识和经验连接。每连接一次，就能消化一个组块，给大脑腾出更多的空间来吸收新知识。而如果短时记忆的组块没办法与其他知识连接，那么这些组块就会越积越多，多到你的大脑无法记忆新知识。这些组块散落在你的大脑里，没有被固定住，就很容易被其他信息冲走。

所以，在学习的过程中，我们不光要有编织逻辑网络的能力，还需要把核心组块挖掘出来进行联想记忆。我们还可以把挖掘出来的核心组块做成一张张知识卡片，知识卡片越多，积累的组块越多，你可以进行的联想也就越多。而这些组块也可以成为一块块积木，变成你日后生产文章和图书的材料。

所以，知识卡片是一种在阅读的过程中，把书中的核心知识单独提取出来进行逻辑结构可视化包装，以方便自己保存、调用、传播的笔记方式。它的好处在于能对每一个重要的知识点进行独立包装存储，从而在学习时方便记忆，沟通时方便共享，写作时方便联想调用。

如何使新知识与旧知识建立连接呢？我的第一本书《高效学习法：用思维导图和知识卡片快速构建个人知识体系》中提到了六维写作法，即从知识描述、向上思考、横向思考、向下思考、经历联想、指导行动这几个维度来将新知识全方位地解读一遍。

① 知识描述：用你的语言把知识描述一遍。

② 向上思考：思考该知识更底层的原理是什么？是谁提出的，经历了哪些演变？

③ 横向思考：你联想到还有哪些知识与该知识相关？

④ 向下思考：把知识还原到具体的应用中，思考该知识可以用于解释什么现象，还有哪些应用？

⑤ 经历联想：基于该知识联想自己的经历。

⑥ 指导行动：用该知识更好地指导自己未来的行动。

你围绕知识点建立的连接越多，知识在你脑海里留下的印象就越深刻。那么思维导图和知识卡片的核心区别是什么呢？思维导图是网状的，知识卡片是点状的；思维导图还原的是知识内在的联系，知识卡片是将核心知识点抽离出来，以便与外部建立联系。在使用场景上，建议你在建立某个主题的知识体系的初期使用思维导图，通过画一张张思维导图尽可能多地罗列一些关键性知识点。而随着我们对某个领域的知识了解得越来越多，我们再看一本书时只有某几个核心知识点需要记忆，这时候更适合使用知识卡片。

> **· 行动清单 ·**
>
> 尝试在本书中找出对你而言最重要的 3 个知识点，并将其做成 3 张知识卡片。

3. 知识能力化，刻意练习才是王道

很多人学习时会陷入一个误区：把收藏当拥有，把阅读当记忆。他们总以为自己收藏了，就拥有了这些知识，总以为自己阅读完了，就记住了所有知识，这些知识就能为自己所用了。因此，很多人阅读了很多书，但能力就是没有得到提升，遇到问题还是不会解决，专业水平始终提不上去。究其原因只有一个：没有行动。你收获了一个写作结构，但没有刻意练习写作，怎么可能写出好文章；你习得了一个演讲技巧，如果不每天练习几分钟，怎么可能出口成章。

学，不只是学习，也是模仿，这是一种行动；习，不只是温习，也是练习，也是一种行动。学习的本质，是一种行动反射，而不是知识记忆。

所以，我们要想学有所成，就要做到知行合一、学为己

用，把知识能力化。只有通过实践把知识能力化，才能把能力通过萃取产品化，而知识能力化的关键在于刻意练习。

（1）认识两类知识。

认知心理学家安德森把知识分成两类：陈述性知识和程序性知识。陈述性知识也叫作描述性知识，主要是指说明事物的性质、状态、特征的知识，主要解决"是什么、为什么、怎么样"的问题。比如：什么是知识卡片，知识卡片的三要素，知识卡片的特征。程序性知识也叫作操作性知识，是指涉及一些具体的方法、步骤的知识，主要解决"做什么、怎么做"的问题。比如：知识卡片五步骤，如何写金句，如何写标题。

我们在学习的过程中，既要注意学习陈述性知识，又要注意学习程序性知识。陈述性知识会让你扩大知识面，扩充自己对某类事物的认知，产生很多的启发、思考和迁移应用，从而间接地产生行动；而程序性知识会让你在遇到问题时直接操作。

我有一次学到一个叫"注意力系统"的术语，其意思是视觉系统每时每刻都会收到大量信息，所以注意过程需要选择重要的信息来进行优化加工，注意其中一个信息，抑制其他信息。这是陈述性知识，是一个概念，而基于这个概念，我产生了一些联想。

联想一：作为知识吸收者，我要主动将自己的注意力放在关键信息上。

我发现一些人在阅读一本书时，很容易忽略目录、章标题。但那其实是总结性的知识，它直接告诉了你这本书、这章讲了什么，你如果多花几秒用于阅读标题，那么在正文部分就可以始终围绕"作者是怎么论证这个标题的"来阅读，这样学习效率就会高很多。一定不要让自己的注意力平均分散在一篇文章或一段话上，而要有所侧重，抓取关键点，记住关键知识并反复琢磨。关键知识大概包括概念、模型、方法、步骤、金句。看到这些字眼时，你可以多将注意力集中于此，并思考怎么使用相应知识。

联想二：作为知识创造者，我要让关键信息更容易被读者提取。

互联网时代，每个人都可以生产内容，成为知识创造者。知识创造者如何才能让读者快速获取关键信息并记住呢？知识创造者要坚持从读者的角度来进行创作，可以运用知识结构化、图像化表达等吸引读者注意力的方式。

以上就是我看到某陈述性知识时产生的行动联想。行动联想能够帮助我们把知识转化为行动指南。我们在学习的过程中如果遇到程序性知识，直接应用就好。比如我在想提升文案写作能力的时候，阅读了林桂枝的《秒赞》。这本书介绍了各种写标题的方法和公式。看完这本书后，每次我在写完一篇文章，想要写标题的时候，都会直接翻开这本书或查看这本书的知识卡片，选择其中的一个公式来套用。我不断使用书里提到的写标题方法，最后让自己写标题的能力也有了很大提升，进而真正具有了写标题的能力。

（2）如何刻意练习。

不管是学习陈述性知识还是程序性知识，若想学有所用、将知识转化为能力，就要落实到实践与练习上。很多人在练习时会陷入一个误区：每天重复一样的动作，认为只要有时间的积累，就会取得进步。试想，你每天用同样的方法炒菜，就算炒 10 年，厨艺也可能没有什么进步；你喜欢写作，但每天以记流水账的方式写日记，即使坚持再长时间，你的写作能力也不会有什么提升。如何做到正确练习呢？《刻意练习：如何从新手到大师》这本书中提到，要实现真正有效的练习需要做到以下两点：有目的地练习、创建心理表征。

第一，有目的地练习。

日复一日地重复一样的动作，只会让你动作更娴熟，但你的水平不会提升。有目的的练习包含 4 个关键要素：有目标、保持专注、有反馈、突破舒适区。

① 有目标。

在乒乓球运动员的日常练习中，你会经常看到这种场景：一箩筐的乒乓球放在旁边，运动员在一个小时内专门练习发球，于是满地都是乒乓球。我们平时进行技能练习也一样，每次练习要有练习目标，一个点一个点地突破，才能更高效地提升。比如你如果想提升直播能力，那你可以拆解自己的练习技能点：语音语调语速练习、镜头感练习、互动话术练习、开头及结束话术练习、卖货话术练习等。每次练习时集中于某个技能点。

② **保持专注。**

运动员在练习的时候，容易进入一种状态，即心流状态，它指的是我们在做某件事的时候进入的一种全身心投入、忘我的状态，在这种状态下，学习和练习的效率是最高的。如何才能进入心流状态呢？其中一个重要的要素就是排除干扰、保持专注。在做任何技能练习时，断绝干扰，找个清净的环境，持续练习几十分钟甚至几个小时，比间断练习的效率更高。

练习时，我们既要全身心投入，又要保持内心的愉悦，还要持续思考如何做得更好。

③ **有反馈。**

运动员在练习的时候，身边有一个重要的角色——教练。教练会对运动员练习时的薄弱部分给予正确的指导，让运动员通过练习—获得反馈—练习—获得反馈来持续进步。我们可以从中获得的启发是要建立自己的反馈系统。对于有些练习，你可以通过自己记录来进行自我检查；而对于另一些练习，你需要请他人来指导，给你更高质量的反馈。

④ **突破舒适区。**

舒适区是你毫不费力就可以做到的事情，学习区是你努力一下就能完成的事情，恐惧区是高于你当前水平太多的事情。运动员总在不断地挑战自己的极限，不断地把学习区变成舒适区，把恐惧区变成学习区。

每次练习时，在舒适区内行动只会让你进步缓慢，而一下子设置过高的目标，直接进入恐惧区练习，也会让你过于焦虑而使行动效果不佳，只有每次练习都处于学习区，你才能让自己既享受到挑战的快乐，又不至于过于焦虑。比如，想要提升阅读能力，刚开始时你不必追求一天读完一本书，而应在你现有的水平上提升一点点，如果你现在可以在 30 分钟内轻松读完 20 页，那接下来可以尝试在 30 分钟内阅读 25 页。

第二，创建心理表征。

心理表征是指事物在心理活动中的表现，具体来说，就是你看到某个事物时，内心产生的一系列连锁反应。

比如在打羽毛球的时候，高手通过对方击球的动作，以及球在空中的运动趋势，就能判断出球大概会落在哪里，可以采取怎样的击球策略把球打过去。这就是一种心理表征，根据对方的击球动作和球的运动趋势判断如何回击，并早早做好回球动作。而新手可能要等到球快飞到眼前时，才匆匆忙忙地挥动球拍。

心理表征数量和质量的积累也是高手和新手的不同点。高手在自己的脑海里已经积累了很多高质量的心理表征，当问题产生的时候，其能更迅速地做出反应。如何创建心理表征呢？其实就是要获得高质量的反馈。反馈质量越高，你获得的心理表征质量越高，你的进步也就越快。

尝试把看到的书、学到的知识，都变成行动清单。

3 小试牛刀，检测专业能力

不断地学习和输出，可以让自己越来越专业。但很多人学了很多，依然觉得不自信。那么，我们该如何检测自己的专业能力呢？我总结了9个字：有结果，有案例，有体系。

1. 有结果，数量积累的同时质量提升

结果既包括时间和数量上的积累，也包括质量的提升。如果你想提升写作能力，找到一名写作教练，你该如何评估他是否专业呢？一方面，要看这个人在写作领域是否取得了一定的成绩——我们要向有结果的人学习；另一方面，要看这个人是否有长时间的实践经验，这可以反映出这个人目前取得的结果是偶然的还是必然的，这个人的基本功是否扎实。

所以，如果你也希望成为某个领域的专家，就可以先从数量和质量上下功夫，用结果说话。想提升写作能力，不妨先写100篇文章，努力创作几篇阅读量上千、转发量上百的文章；想提升演讲能力，就先做100个演讲的小练习，努力创作几条点赞量破百、上千的视频，做一个有一定粉丝基数的视频号；

想学习插画，不妨先制订一个 500 小时的练习目标，努力用插画作品运营自媒体，给自己涨粉。不问收获只问耕耘，你尽管努力，时间会告诉你答案。

比如我在开发思维导图和知识卡片课程，审视自己的专业性时，就萃取了自己的经历和成绩：历时两年多，制作了 1000 个以上的思维导图和知识卡片作品，有 2000 个小时以上的练习；思维导图和知识卡片为我带来了一些变现的机会，这些作品获得知名作家的点赞、转发，也让我在自媒体平台积累了几千粉丝；多篇文章获得很多粉丝的转发、点赞，并让我取得了一些合作机会。重要的是我的学习能力大大提升，这能助力我在职场升职加薪。

如何展现你的这些结果呢？你的成绩和作品可以直接展示，而你在时间上的付出和数量上的积累如何展示呢？一个方法是，可视化你的学习探索过程。你可以记录阅读相关书籍时的心得感受，你在实践中获得的启发，你从别人那里听到的相关故事或经历，等等。将这个探索过程记录下来，并命名为"×××学习探索笔记"，形成系列文章对外分享，每一篇 500~1000 字，不需要太复杂的逻辑，形式可以是"一个小标题＋一个小解释"，每篇文章包含 5~10 个要点。

写学习探索笔记一方面会让你利用碎片时间，随时随地从书籍和实践中学习；另一方面，会为你未来写书、开发课程等提前准备一系列资料，搭建一个你自己的知识资料库，方便你后面进行二次生产；还有一个好处是，当你不断对外分享你的学习探索笔记，你会在别人心中建立起你很专业的印象，持续地更新，会让别人有一种想要追更系列内容的想法。

为了让自己持续地学习与可视化学习相关的内容，提升自己的专业能力，在 2019 年，我给自己立了一个目标：我要输出 100 条可视化原则笔记，并在朋友圈更新。为了实现这个目标，每产生一个与可视化学习相关的灵感时，我就做一张卡片分享到朋友圈，当分享到 20 多条的时候，我就获得了出书的机会。当时有出版社的编辑来找我，提出我朋友圈正在更新的可视化原则系列内容可以用于出书，问我有没有兴趣合作。那时候我们就确定了两本书的合作计划，第一本书是已经出版的《高效学习法：用思维导图和知识卡片快速构建个人知识体系》，第二本书《可视化原则 100 条》正在后续的出版计划中。

在探索学习方法时，我也写了一系列如何写学习探索笔记的文章，记录我在学习过程中遇到的每一个可以提升学习效率的方法，以及这些方法具体的应用场景。这些文章整理起来大概有 5 万字，接近于半本书的字数了。后来我在正式写书的时候，采用的很多内容都源于这些文章，有时候我会从这些文章中调出一篇放在书稿中，有时候会将几篇同一细分主题的文章融合为一篇长文放到书稿中。

这些不仅是我在夯实自己的专业基础过程中的思考和记录，还成为我取得合作机会的抓手，也是我后来创作正式的知识产品的生产性资料。同时，它们也成了一个问题回答库，当有人来问我问题时，我可以将自己之前写的某篇文章发给对方，这样既节省了自己的时间，又能让对方获得解答。

结果是积累出来的，你有的大量的结果就足以证明你的专业性。

·行动清单·

围绕你的专业，尝试写 100 篇文章。

2. 有案例，多多解决身边人的问题

在我们的学生时代，检测学习效果的方式很简单：不断地参加考试，考试分数直接反映我们对知识的掌握程度。但成年人的学习应以应用为主，不应再是纯知识层面的记忆，知识应该能帮助你解决问题。所以，想要凸显你的专业性，有成绩有结果还不够，还要看你能否解决他人的问题，能否经受住他人的质疑与考验。

（1）给自己提问，先解决自己的问题。

我经常给自己提问，以引发自己的思考。比如我在构建思维导图和知识卡片这套学习方法的知识体系时，我会给自己提问，并自己找资料来回答。我提过的问题有：为什么思维导图有助于学习？如何让思维导图的论点、论据更清晰？如何在更短时间内制作一张思维导图，但是又不降低其质量？什么样的书适合做思维导图？……给自己提出这些问题后，我就会去阅读，去网上寻找答案，并通过实践验证答案的有效性。慢慢地，我的知识体系逐渐庞大起来，我的观点也得到了验证，对外分享也变得更有底气了。想要变专业，就从为自己解决问题开始！

（2）接受他人的提问，用问题来验证体系。

问题是最好的知识萃取器。在你不断分享、不断发表自己的观点的过程中，肯定会有人质疑你的观点。对于质疑的人，只要他不是钻牛角尖，对方的问题大多可以激发你继续钻研，让你梳理出更多的东西来支持自己的观点，你就可以重新验证自己的体系是否逻辑严谨；而面对任何一个来向你虚心请教的人，你可以把对方的问题当作一个课题来研究，可以调用你系统里已有的知识来答疑，同时也可以去查询更多的资料，这样一方面能够解除对方的疑惑，另一方面能够丰富你的知识体系。

当你认真对待每一个问题，非常用心地回答对方的问题时，你还会获得对方的信任。比如在我搭建知识体系的学习阶段，每次有人向我提问，我都会非常热情地解答，甚至有时候会写一篇文章来回答对方的问题，这会让对方觉得特别感动。

如果没有人向你提问，你也可以主动出击，邀请对方向你提问。尤其是在开发知识产品的时候，你可以发起一个内测社群，招募志愿者加入，让志愿者围绕某个关键词、知识要点、知识产品的推出进行一系列的思考和提问。当你能解答大家提出的大多数问题时，你的知识体系相对来说就比较完善了。

当你要围绕某个主题进行内容输出的时候，你也可以在社群里抛出一个问题，比如关于如何做年终总结我想了解什么，关于做个人品牌我的疑问是什么，这些问题可以吸引大家在社群里开始一系列的问题接龙。你应该多多收集问题，因为这些问题就是知识萃取器，能帮助你更好地挖掘知识；同时它们也是知识检测器，看你到底能不能回答大家的问题。

（3）原创模型和方法，萃取标准流程或思维模型。

对于一些常见问题，或者是某一类问题，你可以从自己的经验和学习中，尝试总结归纳一些标准流程或思维模型，并在未来的实践中去验证其有效性。如果经过多次验证，这些标准流程或思维模型都有效，它们就可以成为你的原创知识。你积累的有效的标准流程或思维模型越多，在一定程度上越能表明你专业。注意，这里的标准流程或思维模型不是你照搬或机械性改造的，而是经过大量的练习和学习后，你针对某一类问题自己总结出来的一套行之有效的方法，你要能说清楚这套方法与他人的有什么不同、是怎么来的、为什么有效、有什么好处。并且，这套方法应简单易懂、逻辑严谨，能体现你的专业性。

· 行动清单 ·

　　围绕你的专业举行一场专场答疑会。例如，在朋友圈发起一个活动，邀请大家围绕某个主题提出问题，你来回答。

3. 有体系，将知识体系显性化呈现

　　检测你专业性的最后一步，是围绕这个领域有逻辑地搭建自己的知识体系，并尝试将其可视化，具体可分为以下几个步骤：

　　第一步，确定专业领域的核心主题；

　　第二步，围绕核心主题，确定知识体系的构建逻辑——一般包括流程和要素；

　　第三步，根据构建逻辑，拆解出知识体系的一级大纲；

　　第四步，把每一级大纲继续往下拆分，拆分出二级大纲、三级大纲，直到无法继续拆分为止。

将这样的一个知识体系搭建好之后，有以下几个好处。

好处一：自查知识是否扎实。

如果你能拆分到第五级、第六级甚至以下，代表你在这一部分的知识相对扎实。如果你在搭建知识体系的时候觉得很困难，则证明你的知识不是很扎实，你需要进一步学习。

好处二：更好地调用知识。

有了知识体系，我们可以在解决问题和进行内容创作的时候，随时调用相关知识。很多时候，我们学了知识却无法调用，是因为这些知识散落分布在我们脑海中，没有形成连接。而当你把知识变成网状的，并将其可视化后，遇到相关的问题时，你就能快速从网状的知识体系中找到相关的知识。

好处三：根据知识点的分布密度来调整未来的学习方向。

当你按照步骤层层往下拆分，你可能会发现在这个知识体系中，知识点的分布密度是不均匀的——有的地方薄弱，有的地方扎实。某一块薄弱，说明你对这块不是很熟悉，不能拆分出更多的内容，或者这块不重要；某一块扎实，说明你在这块的积累比较多，你能拆分出很多内容。

对于薄弱的部分，你可以结合自己未来的发展方向，判断是否需要集中突破和学习，积累新的知识。如果需要，你可以在未来的学习和实践环节中专注于这一块。至于扎实的部分，是你目前的优势，你在这一部分已经积攒了足够的知识和经验，可以考虑如何将其打磨成知识产品。

当你把脑海里隐性的知识体系显化出来，你会觉得内心特别踏实，很有成就感，这也能激励你变得越来越专业。在搭建知识体系的过程中，你可能会有这样的困惑：这是不是一个很大的工程，要花很多时间才能搭建出来呢？

你如果觉得这是一个大工程，就会无限期地往后拖延，难以开始。但实际上，你可以从一个雏形开始，慢慢完善。初期你可以将搭建知识体系的要求降低，不必很严谨，把脑海里所有与之相关的词都列出来，然后归类分组，找共性，慢慢地形成一个较小的知识体系。

搭建知识体系在职场中还有一个好处，就是当你把本岗位的核心流程涉及的知识梳理出来后，工作效率能大幅度提升——尤其是新员工培训工作。我在职时就围绕招聘流程做了招聘官的知识体系图，这在后来和其他员工交接的时候大大提升了我的工作效率，同时也展现了我的专业性。

· 行动清单 ·

通过以下问题检测你的专业性。

① 你有哪些时间和数据积累：有多少小时的刻意练习？有多少个作品的沉淀？有什么成功案例？

② 你在这个领域里，遇到了哪些问题？有哪些经验技巧的沉淀？

③ 你可以帮助多少人解决相关问题？或者你已经帮助过多少人解决了相关问题？

④ 在你服务的人中，你获得了哪些人的认可？

⑤ 你获得了哪些平台和专业人士的背书？

行动力 借助一套好工具

行动起来，才有故事发生；行动起来，才有无限可能。没有行动，再好的想法也是一场空。这一章将告诉你如何拥有行动力。

1 目标管理，将目标拆解为执行清单

在第 2 章，我们画了一张清晰的成长路线图，这一章就要教你如何把成长路线图落实为实践和跟踪手册。

1. 目标拆解，定最小可行动作

你或许经常会有这样的感觉：明明知道自己要做什么事情，也制订了一些目标，最后却总是无法实现。对此，我总结了两个常见的原因：目标不够具体，没有衡量标准；目标没有拆分到最小可行动作，缺少可行性。

（1）设定具体的目标及关键成果。

你是否常常感觉为一件事花了很多时间，但是没有什么成绩，没有什么收获？又是否有时候做一件事不知道终点在哪里，于是开始怀疑做这件事的意义，进而导致方向走偏或行动停滞？比如，你想提升写作能力，于是写了很多文章，坚持写作了 365 天，但总感觉自己的写作能力没有得到提升，写的文章拿不出手，于是想放弃写作。如果你有这样的问题，那你一定要为自己的目标设定关键成果，制订衡量标准。

英特尔公司创始人之一安迪·葛洛夫发明了OKR（Objectives and Key Results）工作法，其核心就是明确目标，并为目标设定关键成果。我们可以借助OKR工作法来设定自己的目标，并为自己的目标设定关键成果。

我们可以在成长路线图上的不同阶段，设定自己的OKR，示例如下。

O（目标）：3年后成为一名知识博主。

KR1（第一个要达到的关键成果）：第一年内找到定位，搭建知识体系。

KR2（第二个要达到的关键成果）：第一年至第二年逐步创建自己的个人品牌，有5000个粉丝。

KR3（第三个要达到的关键成果）：第二年至第三年开发一个课程。

…… ……

我们再以KR1为例，继续往下拆解年度的关键成果。

O（目标）：1年内找到定位，搭建知识体系。

KR1（第一个要达到的关键成果）：阅读专业领域相关的10本书。

KR2（第二个要达到的关键成果）：写100篇文章。

KR3（第三个要达到的关键成果）：弄懂100个概念并输出100张概念卡。

KR4（第四个要达到的关键成果）：尝试用专业知识给30个人提供帮助。

到这里，你会发现你已经把这个目标量化成了几件事情。或许拆分到这里，你就觉得目标很清晰，知道具体要做什么事情了。但是这个目标的可行性怎么样呢？你需要再往下拆分，将目标拆分到每天，然后和自己的最小可行动作对比，以此判断这个目标是否可行。

（2）拆分出每天的最小可行动作。

如果想要将目标执行到底，一定要将其拆分到每天。我们将之前制订的目标拆分为日目标，具体如下。

10 本书，拆分到每月就是约 1 本书，拆分到每天就是约 10~20 页。

100 篇文章，按照年度平均是约 3 天一篇；每篇文章 600 字，即每天写 200 字。

弄懂 100 个概念并输出 100 张概念卡，按照年度平均是约每 3 天弄懂 1 个概念并输出 1 张概念卡。

为 30 个人提供帮助，即约 10 天为 1 个人提供帮助。

按照这样的拆解方式，年度目标就被拆解成了每天要做的事情。如果你将年度的 OKR 拆解到每天发现工作量巨大，超出了自己的时间预算，这时，你可以重新评估 OKR 的合理性，重新设计。你不仅要考虑自己的年度目标不止这一个，还要考虑生活、工作等其他方面的目标。将目标拆解到每天后，你的时间要能支持你达成所有的目标，否则你就要继续做减法，留下最重要的几个目标。

在时间上，我们制订的最小可行动作或许是合理的，但在实际生活中，我们还可能会因惰性而不愿意去做一件事，这时候，我们不妨把每一件事拆成不同大小的动作。

斯科特·亚当斯在《跳出你的思维陷阱》中提到了"沙发锁定"的概念，这是一个形容懒人的术语，描述他们无法主动离开沙发，像被沙发锁住了。其实我们在很多时候都会有这样的感觉，知道自己要动起来，却总感觉缺乏实实在在的动力，大脑无法控制自己开始行动，自己仿佛被困住了，无法前行。

如何解除"沙发锁定"呢？其实，你只需要动一动自己的小指。只要你的小指一动，你就能开始恢复对身体的控制，而不管你有多么疲惫，动一动小指总是比较容易的。

对于其他事也是一样的，如果你很想做一件事，但行动不起来，那就从与这件事相关的一件非常轻松的小事开始，这样你行动起来的可能性会更大。

比如我想跑步，换上跑步服是一件轻松的事情，跑步服都换了，那至少要去健身房运动运动，在健身房刚开始跑步时可能只想跑 2 千米，当跑完 2 千米后，发现再跑 1 千米就可以进入前 5 名，当跑到前 5 名的时候，发现再跑 2 千米就可以进入前 3 名，所以我经常为了进入前 3 名而不知不觉地跑了 5 千米。先开始小动作，行动起来后就带来了进度反馈，我就这样不知不觉超额完成了任务。

再比如在开发训练营课程的时候，我觉得这是一个系统工程，太难了，要花费的时间太多了。可是当我将其分为确定课程提纲、围绕课程提纲写逐字稿、根据逐字稿做课件、根据课件进行录制、剪辑等步骤时，就有了动力，每完成一个步骤，我都觉得离目标更近了一步。

用好 OKR 工作法这个工具，就能让你把目标逐步实现。

· 行动清单 ·

设定具体的目标，并将具体目标落实为最小可行动作。

2. 目标跟进，让每一步都能被看见

想要确保最小可行动作每天都能完成，最重要的是建立自己的进度更进表，并且不定期进行复盘。下面推荐 3 个方法：使用学习计划甘特图、使用时间记录表、进行复盘。

（1）列出学习计划甘特图（见图 3-1），设定计划事项。

学习计划甘特图

能力	月度目标	计划	1	2	3	4	5	6	7
学习能力	阅读 1 本相关的书	每天阅读 30 页第一周完成							
	30 条如何学习的笔记	每天创作 1 条笔记							
图解能力	阅读 1 本相关的书	每天阅读 30 页第二周完成							
	制作 30 张图卡	每天制作 1 张图卡							
	掌握 10 个图解技巧	每周提炼 2 个图解技巧							
逻辑能力	阅读 1 本相关的书	每天阅读 30 页第三周完成							
	学习 1 套相关课程	每天听 1 节课							

后面根据需要补全即为月度学习计划甘特图

@ 小小 sha · 原创图卡

图 3-1　学习计划甘特图

把目标拆分到每天后，我们每天要学习的东西看起来很多。这时候，很多人就会进入一种手忙脚乱的状态，于是东学一点儿，西学一点儿，最后没有沉淀。其实最好的学习方式，就是集中突破某种能力，并且持续跟踪和记录。围绕上一步拆解出来的最小可行动作，我们可以制作一张学习计划甘特图。

第一列：确定当前阶段最需要提升的能力，最好不超过3 种；

第二列：围绕这 3 种能力选择你的当月学习内容；

第三列：围绕你的学习内容确定你的每日 / 每周计划来安排好自己的每月最小可行动作。

这个时候形成的表格，就是我们的学习计划甘特图的雏形。月初做计划的时候，把这个图画出来并标记，明确每月、每周、每日要做的事情是什么，然后在实行的过程中，按每月、每周、每日来检查任务的完成情况。与此同时，你还可以在这个图上添加任何临时增加的事项。

（2）列出时间记录表，分析你的时间流向。

很多人在实施计划的时候，总会遇到一个问题：计划的事情总是做不完。其原因有以下几个。

原因一：高估了自己做每件事的能力。

比如你一天实际只有 4 个小时的可支配时间，可是你在做计划的时候给自己安排了 8 件事，你以为每件事只需要花费 30 分钟就可以做好，实际上做好每件事你需要花 50 多分钟，于是你只能做三四件事，还有四五件事没有完成。这时候你会特别懊恼，情绪越来越低落，做事效率越来越低，自己也越来越不自信，进入事情总也做不完的恶性循环中。

原因二：做事时注意力无法集中。

如果在做一件事的时候总是被干扰，注意力无法集中，那么一件事本来 30 分钟就可以完成，当被打断，可能就要花费 50 分钟。

原因三：在无效的事情上浪费了很多时间。

我们的时间可以分为目标事件时间和非目标事件时间，比如今天你最重要的事情是完成一篇文章，但在写作前，你做了很多与写作无关的事情，如玩手机、和别人聊天、看闲书等。你的时间花在了这些与目标无关的事情上，当你沉浸于这些事情的时候，你全然不知时间的流逝，于是花的时间越来越多，等到一天结束，你才发现自己要做的事情又没有做完。

如果你有以上 3 个问题，那我强烈建议你开始做图 3-2 所示的时间记录表，具体步骤如下。

时间记录表

时间段	1	2	3	4	5	6	7
6:00—6:30	起床						
6:31—7:00	听书、洗漱						
7:01—7:30	听书、吃早餐						
7:31—8:00	听书、吃早餐						
8:01—8:30	听书、上班						
8:31—9:00	收拾						
9:01—9:30	团队沟通						
9:31—10:00	团队沟通						
10:01—10:30	咨询						
10:31—11:00	咨询						
11:01—11:30	合作沟通						
11:31—12:00	合作沟通						
12:01—12:30	午饭						
12:31—13:00	休息						
13:01—13:30	公众号文章写作						
13:31—14:00	公众号文章写作						
14:01—14:30	公众号文章写作						
14:31—15:00	休息						
15:01—15:30	书稿写作						
15:31—16:00	书稿写作						
16:01—16:30	书稿写作						
…… ……	…… ……						
23:31—24:00	准备睡觉						

@ 小小 sha · 原创图卡

图 3-2　时间记录表

步骤一：把你的时间划分为几种，比如工作时间、学习时间、带娃时间、娱乐时间、睡觉时间、吃饭时间、陪伴时间等，然后给每一种时间赋予一种颜色。

步骤二：把你的时间按照 30 分钟一个阶段进行划分，从你起床的时间开始，到你睡觉的时间结束。

步骤三：开始使用你的时间记录表，你每完成一件事就在表格上如实记录，每件事对应哪一类时间，就将其标记为相应的颜色。注意，是每完成一件事才去记录，不必每半个小时就去记录。如果忘记记录了，可以通过事后回忆的方式记录。

当你记录完一天后，时间花在哪儿了一目了然：今天在哪些无效事情上花费了很多时间，玩手机的时间居然有 1 个小时。这时候，你开始有一些愧疚感，于是暗下决心——明天要做得更好。

一周后，你可以进行一周时间分析：一周的学习时间是多长，工作时间是多长，娱乐时间是多长。当把时间可视化后，你会更加自律。

我们再来看看，时间记录表是如何解决我们刚刚的那 3 个问题的。

对于问题一，因为你如实地记录做每件事花费的时间，你就不会高估自己做某件事的能力。比如你意识到现在写一篇 2000 字的文章需要 2 个小时，你在做计划的时候，就不会只留出 1 个小时，这样你就不会给自己制订一些确实无法达成的目标。并且，你可能会因此更有觉察力和计划性，如果这次是

2 个小时完成一篇 2000 字文章的写作，那么下次你就可以尝试 1 小时 40 分钟完成写作，这也是一种进步。

对于问题二，你每做完一件事就记录自己所用的时间，此时时间记录表就像是一个隐形的监督者，让你必须集中注意力，因为你如果不集中注意力，它就会记录在案。所以，在做某件事的时候，时间记录表能让你在心理意识层面更加集中注意力。

对于问题三，有了时间记录表，你开始认识到每天自己到底花了多少时间在无用的事情上，这样的时间越多，你就越有愧疚感，于是你便开始反思，优化接下来的时间安排。

这就是使用时间记录表的好处，你可以用纸和笔记录，可以直接在计算机上创建表格记录，也可以用 App 记录。你如果想尽可能杜绝电子设备的干扰，那么可以用纸和笔记录。

（3）及时复盘，提升效率。

如果我们只是一味地输入而不输出，那么知识就会堵塞，无法发挥价值。同样，如果我们一味地做事，而不复盘、不总结、不反思，那么我们就始终无法离目标更近一步。所以，为了让自己更好地行动起来，我们有必要及时进行复盘。

每天你可以花费 15~20 分钟，来仔细看一看自己每天记录的表格，回顾这一天，做个简单的复盘。每天的复盘可分为两个部分。

第一部分，现状评估：任务的完成状况如何？若未完成，没有完成的原因是什么？下次应如何优化？

第二部分，启发思考：今天有什么心得、收获、启发。

关于第一部分，你可以在时间记录表上进行复盘，而在第二部分产生的心得、收获、启发还可以作为朋友圈运营的素材分享出去。

不管任务的完成状况如何，你都要接受今天的进度，并思考明天如何才能做得更好，而不要陷入不良情绪中，对不完美的自己耿耿于怀。

· 行动清单 ·

尝试记录时间并进行复盘。

3. 建立反馈，拥有内外驱动力

在做咨询的过程中，很多人都会反映自己无法坚持去做一件事，而无法坚持的原因，一方面是目标不坚定，另一方面是没有正向反馈。很有可能一开始我们是凭着一腔热情和爱好行动，但是在行动的过程中，我们也需要有外部正向反馈的不断刺激，才能确保目标实现。

（1）找到同行者和竞争者。

跑马拉松的时候，一群人都在赛道里奔跑，大家有一个相同的目标，就是跑到终点。你会发现"我们都在路上"的力量无穷大，当后面追赶的人经过你，和你说一句"加油"时，你会咬紧牙关，继续往前。

以前读书的时候，你可能也有这种经历：每次考试成绩出来后，你都会暗地里了解几位同学的分数，你心里默默地在和他们比赛。你如果略胜一筹，就会暗自欢喜；你如果分数比他们低，就会很失落，但是会暗下决心下次一定要做得比他们好。

在平时的学习中，你可能也会偷偷地了解别人在学什么，是如何学习的，在背地里和对方较劲、拼成绩。实际上，竞争能产生动力，能让你学习的过程不那么枯燥。这一类伙伴是我们的同行者也是竞争者，大家一起营造了这样的学习氛围，相互感染和影响。成年人在学习和成长之路上也是一样的，我们不应独行，而应抱团成长，尝试找到同行者和竞争者，用他律换自律，一起前行。

你可以直接加入某个同频的线上社群、活动组织，也可以自行组建一个同修小组，找几个有同样目标的人，一起在群里相互监督、相互反馈，感受集体行动的力量。为了实现彼此更好地约束，你们可以在这个小组中采取押金打卡的方式来倒逼自己行动，押金要设置得高一些，万一失败会有点儿心疼，这样更容易起到作用。

（2）找到观众，收获认可。

马拉松赛场中会有一群围观者，他们为马拉松跑者加油助威，甚至有人挥舞着打气棒。在他们的激励下，马拉松跑者每路过一段加油区，都会告诉自己要坚持、要努力。在你的成长道路上，有没有一群观众会为你加油呢？

其实在自媒体时代，我们每一个人都是一名马拉松跑者，只要出发，只要跑起来，就会有观众。只是很多人不想去户外"跑"，只想在家里"跑"，不想分享自己的任何观点，不愿意写作输出，不愿意运营自己的自媒体，只会默默地学习。

如果我们不主动站到舞台上，自然不会赢得喝彩，也不会接收到反馈。我强烈建议你总结自己的学习、成长经验并将其分享到自媒体平台，每一个自媒体平台都是你的舞台，当你看到自己分享的东西被人点赞、分享、转发时，你就会收到一种正反馈，这种反馈来自别人对你的内容价值的认可。

但是，在这个过程中，也不要把注意力全部放在外部反馈上，不要过度在意观众给你的反馈。你需要把反馈当作信息来看待，对于正反馈，你可以思考为什么大家喜欢这样的内容，接下来自己可以如何做；如果没有反馈或有负反馈，你也可以思考其中的原因，以及自己可以如何调整。

（3）能量补给，设置专属你的生活仪式。

在马拉松赛场上你会看到很多的能量补给站，跑到终点的时候，你会得到一个大大的勋章。在学习之路上也一样，每完成一个阶段性任务，你就可以给自己安排一个奖励，比如每周留半天的时间让自己去放松放松，吃顿好吃的；每到达一个标志性的节点，都给自己准备一个小礼物，等等。

能量补给还适用于平时做的一些小事。例如，伏案写作时，每小时我都会起身去接杯水，去活动活动，这其实也是一种能量补给的方式。要是今天完成了写作计划，我就不给自己安排其他工作了。对于任何一场持久战，及时恢复自己的精力非常重要。

· 行动清单 ·

围绕你最近的一个目标，设计出反馈机制。

2

时间管理，掌控时间的方法

详细的计划制订了，时间不够怎么办？很多人都会遇到时间问题，但时间问题的背后，往往是目标和精力的问题。

1. 时间管理之道：聚焦目标

如果想要掌控自己的人生，那就从掌控自己的时间开始，而在掌控时间的过程中，我们的大敌是不够聚焦。很多人遇到什么事就做什么事，不懂拒绝，也不懂得划分重要层级。

有一次，我的一位朋友说："我最近挺忙的，中午有位同事找我一起吃饭，她跟我聊了公司的一些传闻，倾诉了一些自己的情绪，聊了两个小时后，我感觉非常不舒服，因为我觉得这两个小时没有产生价值，浪费了。"

还有一位学员说，有一次一个熟人来找他帮忙，他们来来回回沟通了好久，比预期多花了很多时间，这让他很不舒服，但是又不知道该如何拒绝别人。他牺牲了很多时间，自己重要的事情又没有做。

这类现象在你的生活中是不是也很常见？如果不善于拒绝，

你的时间就会不断被消耗。如何处理这些事情呢？第一，评估自己要不要做，如果是与你的目标无关，可做可不做的事情，直接拒绝；第二，评估自己有多少时间可以用于处理这件事情，在自己时间允许的范围内，可以给予对方力所能及的帮助。有时候拒绝也是一种善意，对于此类事情，当你不能全身心投入的时候，最后的效果也是大打折扣的。

管理学家德鲁克曾经在《卓有成效的管理者》中提到，我们的时间可以分成 3 块：为直接结果做贡献的时间，做一些次要且无意义的事情的时间，可自由支配的整块时间。

为直接结果做贡献的时间，指的是围绕你的绩效和成果而使用的时间。如果你是销售员，那么你的成果就是销售业绩；如果你是管理者，那么你的成果就是你团队的营业额；如果你是作家，那么你的成果就是出版的书籍。

做一些次要且无意义的事情的时间，指的是你不得不去做的一些事情所耗费的时间，这些事情与你的成果没有太大关系，比如没有业务关系的客户突然来访，你要进行与工作不相关的一些社交活动。

可自由支配的整块时间，指的是你没有固定的任务，不被他人干扰，可以沉浸式地去处理一些事情的整块时间。

通过时间记录分析，你可能会发现，自己的大部分时间都浪费在了无意义的事情上。比如做一个并不能给你带来任何成长的项目，接受一些时间投入性价比极低的合作，报了一些临时性的课程。你的时间慢慢被这些事情吞噬，一段时间过后，

行动力 借助一套好工具

你觉得白己很忙，但最重要的那件事依然没有做。

所以，时间管理的第一要务是聚焦你的目标，优先完成你目标系统内的事情，不要因为新增的琐事和临时的想法忙得团团转。记住，优先去做一些可以为你带来直接成果的事情，而不是去做一些没有成果的事情；对于次要且无意义的事情，应拒绝做或控制时间去做。

时间管理的本质不是完成每一件事情，而是让你的时间在目标系统里得到最大化应用，学会把时间聚焦到关键事件上。当你意识到这些后，再去使用一些时间管理的技巧，才是在正确的方向上努力，否则你永远有做不完的事情。

· 行动清单 ·

连续记录自己一周时间的使用方式，并分析这一周的时间是不是主要花费在与目标相关的事情上。

2. 时间管理之法：守护精力

有时候，我们并不是没有时间，而是没有精力。你大概率有过类似的经历：工作劳累了一天，下班回家后只想在家里躺着，没有精力再去学习。

这个时候，你不是没有时间，而是没有精力，即做事的动力。我现在的作息表如下。

5:30—5:50 起床洗漱

5:51—7:20 阅读

7:21—8:00 运动、听课、买菜

8:01—8:30 写作、复盘

8:31—9:00 吃早餐

9:01—12:00 工作

12:01—13:00 吃午餐

13:01—14:00 学习、小憩

14:01—18:00 喝一杯咖啡、工作

18:01—20:00 吃晚餐、休息

20:01—22:00 学习、写作输出

22:01—23:00 洗漱、休息

从上述作息表可以看到，我的睡眠时间为 6.5 个小时，虽然白天的工作和学习任务非常重，但我的精力一直比较旺盛，

我每次展现出来的状态都很好。很多人问我是如何做到始终保持精力旺盛的，这其实跟我阅读了《精力管理》有很大关系。这本书提到了 4 个精力来源，它们分别是体能、情感、思维、意志，这 4 个精力来源也构成了一个精力金字塔：底层的是体能，由下往上依次是情感、思维、意志。我是如何理解这 4 个精力来源并开始实践的呢？以下是一些具体的方法。

（1）意志：找到自己的使命。

一个人最大的精力来源是发现自己的使命，找到自己想要的生活和人生。如果你每天被梦想叫醒，被理想的生活唤醒，那么一整天你都会充满期待和希望。

刚毕业的时候，我的理想就是成为一名自由职业者，不用为老板打工，只为自己打工，工作不受时间、地点的限制。我可以自主安排，为自己的工作负一切责任，而不用看同事、领导的眼色。所以，那时候我每天 6 点半起床，拼命学习，周末进行阅读写作，为了自己的理想而努力。

现在我老公经常跟我说："感觉你就像一个铁人，像一个发动机，可以每天从早干到晚，不停歇。"每次他这么说的时候，我都感觉很幸福，我能拥有源源不断的热情，就是因为找到了自己的人生使命，并且现在我正在这条实现人生使命的路上前行着。

寻找人生的意义，寻找自己的使命，寻找自己热爱的事业，寻找的旅途本身就是很美好的，因为每一天都充满新的可能，你不妨带着好奇的心态去看看自己将会去到哪里。当你发现自己心仪的事业、心仪的生活，并愿意这一生为之奋斗不止时，努力的过程就会变得很美好。多去想想你想做什么，你想持续地去帮助哪一群人，你最想花时间去做的事情是什么，当你活在自己的热爱和使命里时，你就会有无穷的力量来把事情做成。

（2）思维：让大脑保持活跃。

一定要让自己坚持学习，用知识武装自己的大脑，通过思考强健自己的思维。

《终身成长》这本书中提到了两种思维：固定性思维和成长性思维。拥有固定性思维的人认为自己的才能是一成不变的，会因为失败而气馁，而拥有成长性思维的人相信一切都可以通过努力来改变，失败只是自己学习的过程。如果一个人的思维总是处于固定模式中，他便很容易被生活中的挫折、困难消磨意志力，而对一个拥有成长性思维的人而言，他是不容易被生活中的挫折和困难击败的，反而会越挫越勇。

如何让自己从固定性思维转化为成长性思维呢？保持学习，成为终身学习者。你可以通过持续不断地学习新知识，建立新的认知，来打破原有的思维；多和优秀的人沟通交流，交换彼此的观点和想法，用他们的观点和想法来冲击自己的固有思维。

你或许经常听到一句话：人老了，记忆力下降了。其实这是因为我们年龄越大，学习的东西越少，大脑被调动得越少，偶尔学习新东西的时候，会感觉费力而有挫败感，我们因此慢慢地趋于放弃，大脑的退化又进一步加重。

让大脑保持活跃的方式就是接受挑战。哈佛大学医学院的一位心理学教授说过："每当学习新事物，人们都会建立起大脑细胞新的联结。"所以持续挑战自己的大脑，可以预防年纪变大带来的大脑退化，也能让我们更好地应对生活中的各种困难。

（3）情感：和他人保持关系。

你也许有过这种经历：生气的时候，做事情开始变得很低效，无法集中注意力，总是想宣泄情绪，结果情绪处理不当，只会更加影响自己。为了守护精力，我们应学会处理自己的负面情绪，并让自己多拥有正面情绪。

当你与一个人、一件事、一个物品建立信任、愉悦的情感关系时，这种情感关系便可以补充你的精力；当你与一个人、一件事、一个物品建立恐惧、愤怒、悲伤的情感关系时，这种情感关系便会消耗你的精力，让你觉得特别累。

为了守护自己的精力，我会在自己的学习和工作中，特意做一些让自己保持正面情绪的事情，这是我列出的 4 条小建议。

去做取悦自己的事情，复盘自己有多久没有感到真正的放松了，激励自己每周都拿出一定的时间来做些有趣又能使自己放松的事情。

在你的工作岗位上，与至少一位同事保持良好的关系，必要的时候双方可以相互倾诉。

不以自我为中心，多多照顾身边人的感受和想法，多做利他之事，种下美好相处的种子，你自然也会收获身边人的善意。

不管你的情感是好还是坏，尝试接受所有的情感，不要排斥它，要去感受它。

（4）体能：好好爱护身体。

体能就像是柴火，为你提供源源不断的能量，而体能取决于你的饮食、睡眠、呼吸、运动。如果某天你没有休息好，第二天你可能会感觉很晕；如果某天你没有吃午饭，在饥肠辘辘的情况下，你肯定也无法集中注意力，专注于学习。

有一段时间我为了减肥，每天中午只喝一杯咖啡，吃一块面包，但是每次到了下午 4 点的时候，我就无法集中注意力工作了，脑海里只想着怎么和饥饿做斗争，工作效率非常低。当我意识到盲目减肥会给自己带来影响时，我开始调整自己的作息和饮食，不只是一味地节食，还增加了运动量，每天跑 5 千米。当我坚持一周后，我意外地发现，自己的精力好了很多，每天晚上睡够 6 个小时，中午休息 20 分钟，就可以保证全天精力充沛，而且做任何事情，注意力都能高度集中。所以，你如果希望自己可以保持源源不断的精力供给，那么要尽量做到以下几点。

呼吸或冥想：有压力的时候可以深呼吸或进行冥想，关注自己的一呼一吸，这样可以有效地调整身心状态，尤其是睡觉前，关注自己的呼吸或进行冥想，有助于进入睡眠状态。

饮食：保证正常的一日三餐，尽量避免摄入不健康的食物，多吃水果蔬菜，不要为了减肥刻意节食。

睡眠：每天保证 4~5 个周期（每个周期 90 分钟）的睡眠，不要熬夜。

运动：每天运动 30 分钟能让你精力充沛。

· 行动清单 ·

从体能、情感、思维、意志 4 个维度分析自己的精力状况，并思考如何守护精力。

---

3. 时间管理之术：运用时间管理技巧

当你意识到了时间管理的第一秘诀和第二秘诀分别是聚焦目标、守护精力之后，下面这些时间管理技巧才会更好地起作用。

（1）填满你的时间杯子。

如果把你所拥有的时间当作一个杯子，把你要做的各种事情当作大小不同的石头、沙子和水，为了让杯子能装下更多的东西，我们应该先放什么、后放什么呢？

因为沙子轻，很多人会先放沙子，可是等到沙子把杯子填满的时候，我们再放石头，石头已经放不下了。我们应该先放石头，看起来石头把杯子填满了，但是我们依然可以往里面倒沙子，等沙子填满之后，还可以倒水。

这里的石头就是我们生活中最重要的那些事和需要整块时间完成的事，我们只有先完成这些事，再去完成次要的事，时间才能得到最大化应用。

（2）让你的时间产生复利。

你可以让时间产生复利，即同一时间做两件不冲突的事情，例如可以将体力劳动和脑力劳动相结合。我经常会在跑步的时候听书学知识或听音乐放松，上下班乘车的路上打电话协商事情，这样一份时间就得到了两次使用，我同时做了两件事情。

让时间产生复利的另一种做法，就是重视每一件事情的结果，并把每一件事情的结果作为下一件事情的生产资料。比如我每次做完咨询会及时进行知识萃取，把某些问题的解决方案放入课程中打磨，再把成熟的课程文稿放进书稿等，这样后面的每一个环节都不是从零开始，而是基于我之前积累的内容进行的。

（3）给你的时间定价。

给你的时间定价，也可以帮助你判断哪些事情应该做，哪些事情不应该做。比如有人来找我做咨询或寻求合作的时候，我会先评估这件事情要花多长时间，然后根据我现在的时薪计算做这件事情的成本，考虑划不划算，如果不划算，我就会考虑拒绝。

·行动清单·

为你的时间定价，并且思考哪些时间是因为自己不善于拒绝而被他人占用的。

3 能量管理，能量比能力更重要

最近两年，我越来越觉得能量比能力更重要。拥有能量，你就能吸引到很多人来做一件事。但是如何让自己保持高能量的状态呢？本节将为你讲解。

1. 打开枷锁，记录成就事件

很多人说："莎莎老师，为什么你的能量那么高？感觉每次见到你，你都很有精神、很自信，好像都不会累，你是如何做到的呢？"这里要说明一下，能量与能力是不同的，能力是指做一件事的综合水平，而能量是指做一件事的精神状态。我们可以将高能量理解为做事情很勇敢、很有热情、很积极，内心动力很足，抗挫折力强。

想要让自己持续保持高能量，首先要持续做自己喜欢的事情，找到人生使命感，每天都活在热爱里，即使有什么不顺心的事情，也能马上调整状态；其次要找到提升能量的两把钥匙——拥有良好的信念，积累成就事件。

（1）找到力量，从破除不好的信念开始。

每个人的脑海里都可能装了很多不好的信念，这些信念源于我们对一些客观的事情有了一些错误的认知，比如自卑、对他人的评价和反馈特别敏感、不太敢社交等，这些都是一些负面经历带来的后遗症。当我们在这些不好的信念的影响下，遇到一些无法处理的事情时，就会过度内耗。

小时候，我很爱写作，总是以文字的方式跟母亲沟通，母亲却对我说："不要总是用文字表达，你要善于用说话的方式来表达你的观点，文字是会留下痕迹的，而把话说出来，别人只是听听而已，你并不会给人留下什么把柄。职场上那些优秀的人，都是能说会道的人。"这样的话让我很不舒服：一方面，这样的话让我很自卑，认为自己不会说话，到了公开场合也不会自信；另一方面，这样的话让我觉得文字表达真的很无力，让我失去继续写作的信心。

后来，我经常会被这个不好的信念困扰：我不会说话，我不擅长沟通。一遇到公开场合人特别多的情况，我就紧张；每次去参加一些人很多的活动，回来后我就有点儿"元气大伤"的感觉，并要调整很久。

这些不好的信念在某段时间对我的影响非常大，甚至使我有种很受伤的感觉，于是在那段时间里，我看了很多与心理学相关的书来疗愈自己，慢慢地和自己和解。这个和解的过程，其实就是去发现源头事件，破除负面认知，还原客观事实的过程。

现在回头去看，我喜欢写作是事实，但是我不擅长沟通和表达却不是事实，因为文字也是沟通和表达的一种方式。当时的我心智不成熟，母亲的话影响了我对自己的主观判断，让我觉得自己不擅长沟通和表达，也不愿意去改变。当我意识到这一点，找到自己对沟通和表达不自信的根源后，我开始去改变，并且也更加愿意用文字去表达，也始终相信，文字给我带来的一些成绩，会让我在公开场合的表达上更有力量。

除了表达上不自信，我还发现自己有格外在意外界评价、不敢和别人谈钱等的缺点，这些都可以从过去的经历中找到根源。当你知道自己为什么会这样想，撕掉他人施加给自己的错误认知时，其实你就开始和自己和解了，你也就愿意慢慢改变了。

所以，很多时候能量不足是因为我们给自己戴上了枷锁，找到钥匙并打开它，我们的能量就会越来越高。

（2）建立自信，从记录成就事件开始。

除了破除不好的信念外，为了提升自己的能量，我们还要多记录成就事件，也就是写成就日记。我在聊天的时候，经常会聊到成就感这个词。很多人听到成就感，都会有一种大脑空白的感觉，觉得自己没有什么成就，这就是一种自我能量非常低的体现。

在日常生活中，你可以保持写成就日记的习惯，每到月末，你就可以回顾自己的成就事件，这样会让自己特别有能量。哪些事情可以被称为成就事件呢？其实成就事件并不是要求你要在某个领域取得非常大的成就，你的对照体系是你自己，你只需要和过去的自己相比，所以以下事情都可以算是成就事件。

你获得了领导、同事、陌生人的称赞。

你突破自己内心的障碍，尝试去做了一件有挑战性的事情。

你被认可，被授予了某项荣誉。

你坚持做一件事情，坚持了很多天。

你实现了某个愿望。

你认识了一个你很崇拜的人。

你谈了一场恋爱。

你获得了一份心仪的工作。

你发现自己在一些方面进步了。

当你意识到成就感源于每一次微小的进步时，你就会幸福很多。每到年末，你还可以为自己做一次年度成就事件大盘点，通过回顾这一年的成长来增强自信心。从 2016 年开始，每年我都会给自己做一次年终总结，去回顾这一年的成长与收获，不管那一年过得好还是不好，每当我做完年终总结，我都有一种成就感。原来今年的收获这么多，原来今年经历了这么多事，原来今年我又成长了，当我意识到这些的时候，我就感觉内心充满了力量。

尝试每天写成就日记，并觉察自己有哪些不好的信念。

2. 平衡生活，让好关系滋养自己

之前我的合作伙伴问我："莎莎，你有生活吗？"我当时愣了一下，原来我在他的心中是没有生活的，他以为我的生活就是工作，工作就是生活。我之前确实是事业型的人，一心只想着工作，不喜欢花时间与他人相处，不喜欢陪伴家人，也不愿意找男朋友，生活非常单调。我不想跟任何人产生比较紧密的联系，觉得人际关系有碍于工作，毕竟一段不好的关系会非常消耗自己。

但是一年过后，又有学员问我："莎莎老师，你是如何平衡工作和生活的呢？你工作这么高效，没想到谈恋爱也这么高效，去年年初你还是单身，今年你就结婚了。"我确实也觉察到了自己的变化，我开始慢慢地去经营自己与身边人的关系，我与家人变得更亲近了，也有了伴侣。更重要的是，我意识到人真的需要活在关系里，一段好的关系会滋养自己，也会给自己带来很多能量。

关于如何平衡工作和生活，我觉得最重要的是平衡好关系，即你与工作、自己、家人、朋友的关系。

（1）平衡你与工作的关系。

明确你与工作的关系，首先你要想清楚自己为什么工作，希望通过工作实现什么，达到什么目标，获得怎样的人生成就；其次你要明确，工作是服务于你的，而不是你服务于工作，你通过工作来体现个人价值、获得回报，但是这不代表你要为了工作牺牲自己所有的时间，过度消耗自己的身体。

好的工作能够实现个人价值，带来物质回报，同时给你带来个人成长，以及精神上的喜悦与富足。所以，我们要转变自己对待工作的心态，积极主动地掌控工作的节奏，而不是被动地安排和接受。

（2）平衡你与自己的关系。

我们应花时间去关注自己身体和心理的健康，去觉察自己的一些体征，并且对身体发出来的一些不好的信号加以重视，坚持运动，提升自己的免疫力，定时体检。

为了让自己保持充沛的精力，我在 2016 至 2019 年，每年都坚持跑步，平均每年跑 1000 千米。2020 年后，我没有再坚持跑步，但是会用软件锻炼或进行快走慢跑，有时候即使很忙，我也会去楼下的健身房快速跑 30 分钟。运动会让你提高身体的活力，重新点燃你的热情。即使时间非常有限，你也可以在家里找个地方做开合跳，每组 20 个，每天做 5 组，这完全可以用间隙时间完成。

除了身体健康外，我们还应关注自己的心理健康，及时关注自己的情绪，接受自己的情绪，悦纳自己。疲惫的时候，可以阅读一些与心理学相关的书，多进行自我梳理。

创业需要内心足够强大，而内心的强大不是别人给的，而是源于自己的反思、觉察和修复。所以我经常给自己独处的时间，如去公园里走走、一个人去跑步等，让自己的压力得以释放。

（3）平衡你与家人的关系。

我们应经营好自己和家人的关系，他们会给你带来很高的能量，家人包括你的伴侣、父母等。为了和他们保持健康的关系，我还制订了我与他们的相处原则。

伴侣：经营比选择更重要，所以我和我的另一半会彼此珍惜，也会彼此理解；工作起来非常忙碌，我们就每天一起吃晚饭，一起上下班，通过这样的小事来陪伴彼此，这也是一种高质量的陪伴，能使我们彼此都感到满足。

父母：保持理解和陪伴很重要，所以我会每周打一次电话给父母，以了解他们的情况；此外，为他们设置幸福基金，每月给他们转账，以及每次过节的时候给他们发红包。

（4）平衡你与朋友的关系。

你有没有几个可以随时联系，并且在你需要帮助的时候能随叫随到的朋友？你有没有去维护自己的社交圈？我将自己的朋友分为几类，他们分别为客厅朋友、书房朋友、办公室朋友、卧室朋友。

客厅朋友是那些我要以礼相待的朋友，我和他们保持着一定距离，但是很敬重他们。对于这类朋友，我经常会去看一看他们的朋友圈。

书房朋友是指可以和我一起学习、成长、进步，相互支持的朋友。对于这类朋友，我经常会关注他们的需要，以确定是否可以给予他们一些支持和帮助。

办公室朋友是指团队里和我并肩作战的朋友。对于这类朋友，我每周都会约时间和他们一起交流、思考。

卧室朋友是指很亲昵，彼此有困难时会帮助对方的朋友，这类朋友会耐心了解我的困难。对于这类朋友，我不用刻意地去维护，但是只要我想对方了，就可以马上给他们打电话。

对于以上 4 种关系，如果我们愿意花时间去处理好、平衡好，那么我们的工作和生活都会呈现出更好的状态。

· 行动清单 ·

思考自己与工作、自己、家人、朋友的关系是不是健康的。

3. 允许暂停，为了更好地开始

2019 年，是我成为自由职业者的第一年，那一年我开发了一个训练营，运营了 4 期，影响了近千名学员。到了 2019 年 12 月的时候，我觉得很累，在结束最后一期训练营，从咖啡馆走回家时，眼泪不自觉地掉下来了。可能是感觉自己这一年过得太辛苦，我到了年末的时候居然有一种空虚感。

后来，我找了一位老师聊天，老师问了我一个问题："这一年，你有没有做一些让自己开心快乐的事情呢？"我突然意识到，当你把自己的时间全部留给工作，而没有时间让自己与别人建立关系，没有花时间去陪伴自己，和自己好好相处时，无论你赚了多少钱，你都无法感到幸福。

我在做 2019 年年终总结的时候，画了一张思维导图，用生命平衡轮梳理了自己在个人成长、职业发展、财务状况、自我实现、朋友关系、家庭关系、身体健康、休闲娱乐 8 个维度的成长与收获。我发现自己在个人成长、职业发展两个维度能梳理出很多的内容，这些内容占据了所有内容的一半；而从休闲娱乐维度进行梳理的时候，能想到的非常少；在梳理家庭关系的时候，内心竟然有一丝失落空虚感，因为自己和家人的关系处理得并不好。当我把这一整年用一张纸梳理出来后，我意识到了这一年过得很累的原因：自己一直处于紧绷的状态，一直在赶路，忘了停下来欣赏路边的风景，去做自己喜欢的事，和家人好好沟通。

意识到这个问题后，2020 年，我开始刻意调整自己的节奏，腾出时间来好好生活，累了就让自己放松一下。2020 年 6 月，我在高强度工作几个月后，看了看地图，看看有哪些地方是自己没有去过又一直想去的。看完之后，我直接买了一张去呼和浩特的机票。

在呼和浩特，我住了一套很有特色的公寓，吃了当地的美食，去了一趟大草原。放松完毕，我就拎着笔记本去当地的商场找咖啡馆或书店办公，陌生的城市、嘈杂的环境，居然能让自己沉下心来好好工作。有时候，我们的累除了因为工作，也可能因为环境的一成不变。试着换一个地方，新的环境或许会给你新的能量。

我把这次出行当作一场旅行办公，在路上一边欣赏风景一边工作。你如果也是自由职业者，那么可以试试看。工作是为了生活，我们不必为了工作而降低生活质量。你不妨也和我一样，好好吃饭，一个人看场电影，甚至在特别累的时候，可以直接买张票去旅行一趟，旅行归来，自己可能会有一种充满能量的感觉。你也可以在某一天晚上 8 点就睡觉，睡到第二天早上 6 点，睡完一觉起来，你的精神也会格外好。

为了让自己在想要放松的时候能及时放松，你可以去觉察自己在做什么事情的时候会开心，会忘记时间的存在。一定要找到这样的事情，当你能量低、累了的时候，做这些事情会让你得到疗愈。

以下为我的娱乐放松清单。

开启 1~3 天的家庭旅行

体验新事物

玩跳舞机

泡温泉

做美食

画画

和孩子玩

听歌

记录语音日志

弹弹吉他、唱唱歌

看喜欢的比赛

养护绿植

做手工、拼图等

爬山，并用 App 记录特别的路径

和家人一起露营，去感受大自然

整理收纳

去植物园

去海边

　　为自己写一个休息清单或能量恢复清单，在上面列出自己累了的时候可以做的事情。

4

影响力 建设好个人品牌

当你在变得越来越专业的时候，一定要去帮助更多人。如何去帮助更多人呢？你需要获得更大的影响力，吸引更多需要你的人来关注你，并为他们提供服务。

1 输出力，如何拥有自己的多个作品

输出，是把知识用起来的最小可行动作，也是做知识萃取的基础动作；持续不断地输出，是对外展现专业性的一种方式，也是让自己拥有影响力的基础。每一次输出都是在强化个人品牌，所以我们一定要养成输出的习惯。

1. 定方式，找到最合适的方式

互联网时代有一种红利叫作表达红利。谁会表达，谁就占据了竞争优势。任何好的内容、有价值的内容，都可以在网上一传十、十传百，所以，要想建立自己的影响力，就要学会表达。写文章，演讲，做短视频、音频、直播都是有效的表达方式，你可以找一种自己喜欢的表达方式并开始刻意练习，然后通过输出来展示自己的专业性，从而获得影响力。

（1）练习写作，夯实知识创作者的基本功。

写作是知识创作者的基本功，无论是在职场上写工作汇报，还是在职场外运营自媒体，写作能力都会成为你的核心竞争力，所以提升自己的写作能力非常重要。

我读小学的时候写日记，读初中、高中的时候写周记，读大学的时候加入学校的记者社团写活动新闻稿，现在写微信公众号文章、分享稿，这些都是在夯实自己的写作基本功。在职场上，我因为会写作被老板赏识；创业后开始做知识博主、开发课程及出书，在这个过程中，我明显感受到良好的写作基本功给我带来的非常大的帮助。通过写作，我的思考能力提升了很多，我在写作的时候可以轻松地从一个点扩散到一个面；我对生活的觉察力和感知度也提升了很多，我能够关注到生活中的一些细节；我的逻辑能力也提升了，日常沟通和表达变得更加有逻辑、有条理。

那到底如何提升自己的写作能力呢？对此我有以下几个建议。

① 积累写作技巧：去看几本与写作相关的书，或者学一个与写作相关的课程，拆解一些好文章的写作结构，积累一些写作的框架，每天用文字记录自己的所思、所感、所想，把文字作为对外表达的一种方式，刻意提升自己的写作能力。

② 前期大量输入：写作是需要观点和故事的，观点和故事除了源于生活，还源于书本。你还需要进行大量的阅读，从书中找到新观点、新方法和新故事，这样你在写作的时候才有内容可以输出。

③ 主动获取反馈：如果想让自己的写作能力越来越强，除了不断练习外，获取反馈也很重要。你可以主动地发朋友圈或在自媒体平台上分享文章，看看你的读者多不多，有没有人给

你点赞和评论，这些可以反映出你的文章是否能够帮助读者解决问题或提供价值。如果能找到一个写作教练精准地为你提供指导和反馈，你的提升速度会更快。

（2）尝试视觉表达——一种新型的表达方式。

除了用文字的方式输出文章来体现自己的专业性，现在也很流行视觉表达。视觉表达就是通过更直观的图形、图像、图标、图表来表达，比如常见的思维导图、知识卡片、漫画、插画等。

文字表达的优点是信息全面、完整且详细，但也有一个缺点，就是在信息爆炸、时间碎片化的时代，读者面对篇幅较长的文章很难有耐心读下去，而囫囵吞枣式的阅读并不便于理解和记忆。于是，一种更直观、内容高度浓缩且图像丰富的表达方式被很多读者喜欢和接受，并且容易给读者留下深刻的印象，这就是视觉表达。

从 2017 年开始，我开始刻意提升视觉表达能力，比如，制作思维导图和知识卡片。我把自己制作的思维导图和知识卡片发布到网上后，吸引了很多人关注，个人影响力也因此慢慢建立起来。同时，我用这种方式去梳理工作岗位上的一些内容和专业知识的时候，也获得了领导的认可。在我看来，视觉表达是一种非常有用的表达方式。

如果你想提升视觉表达的能力，可以参考以下两个建议。

① 主题阅读：推荐阅读《高效学习法：用思维导图和知识卡片快速构建个人知识体系》《XMind：用好思维导图走上开

挂人生》《餐巾纸的背面》《完全图解超实用思考术》《图形思考与表达的 20 堂课》，这些书能提升你的视觉表达能力。

② 大量练习：其实视觉表达的应用无处不在，任何一次思考和策划，任何一次记学习笔记，任何一次表达和沟通，都可以用到视觉表达，而视觉表达的精准程度确实与练习次数正相关。

（3）掌握公众演讲——一种即时的表达方式。

写作和视觉表达都是静态的表达方式，而公众演讲是一种动态的表达方式，更具时效性。在一些重要的机会面前，你可以即兴发挥，使表达更为直接，从而让他人对你的认识更为立体。

在各种线下活动中进行自我介绍的时候，每每听到铿锵有力的声音，我都会被吸引过去，多看对方两眼。虽然每个人的音色是不一样的，但每个人都可以做到用声音传递力量。大多数人都不喜欢跟一个说话有气无力的人交谈。声音会点燃一个人的情绪，所以想要提升影响力，声音方面的练习很重要。

很多人害怕在公开场合进行分享，比如我之前在公众场合分享的时候经常会害羞并感到自卑，每次发言的时候都会脸红，声音很小。刚开始在网上当自由讲师的时候，我每次讲完课都会冒虚汗，嗓子也会变得嘶哑，但我现在好了很多，声音很有力量感，连续讲几个小时都不会累。

如果你想提升演讲能力，可以参考以下几个建议。

① 说话要有自信：我在前期做公开课的时候，最大的缺点是对自己的声音不自信，因为我的声音偏娃娃音，我每次说

话都有人说我的声音很特别，这导致我觉得自己很奇怪、不正常，刻意地使自己的声音变得低沉、平淡。但当我习惯把音色变成自己的特色，慢慢接受自己的声音时，我开始变得很自信，相信自己的声音很好听，我的声音也变得很有力量感。

② 练习科学发声：有了自信之后，你可以去看一些专业的视频来纠正自己的发声方式，也可以找一个专业的声音教练精准地诊断自己的发声问题，从而进行正确的练习。

③ 大量练习，获得反馈：掌握了正确的方法后，你可以录制自己演讲的视频并回看，不断提升和优化；还可以参加一些演讲活动，与有共同兴趣爱好的人交流，这有助于你更高效地成长。

（4）尝试视频直播——一种真实的表达方式。

在信息爆炸的时代，大家对知识呈现方式的要求越来越高——原来是文字，后来是音频，再后来是图文，现在是短视频和直播。

近几年，新媒体平台推出了短视频与直播的内容，这意味着知识创作者不光要会写作、会演讲，还要会拍摄、会剪辑。要想持续在知识服务行业稳定输出，知识创作者就要开始做短视频与直播。2021年11月，我连续直播了7天，在直播间内分享干货知识的同时进行转化营销，产生了近20万元的销售额。

关于短视频和直播能力的提升，我有以下几个建议。

① 不要等一切准备好了才开始，有一部手机、一个三脚架

就可以直接开始。

② 通过练习找到自己的风格和感觉，锻炼自己面对镜头也能自然流畅分享的能力。

③ 一步步提升某种具体的能力，比如互动能力、语言感染能力等。

④ 分享干货知识时可以在直播间准备一张小白板。

⑤ 看他人的直播，学习流程和话术及在直播间使用道具的方法。

· 行动清单 ·

思考自己的表达方式，至少选择一种适合自己的表达方式。

2. 定节奏，源源不断出作品

对于知识创作者而言，源源不断地输出作品的能力才是核心竞争力。以下为提升创作能力的 4 个方法。

（1）抓住灵感。

有灵感的时候，你应该马上创作或记下关键词。

我们在阅读的时候，遇到觉得有用的内容往往习惯性地画线做标注，然后继续阅读后面的内容，但你在阅读后面的内容时很有可能就把前面的内容忘了。所以，如果你在阅读的时候有灵感，可以马上停下来，开始创作。如果你对某个知识点很有想法，也许是发现它可以解决你的某些问题，或者是想到了其他与之相关联的知识，又或者是想明白了一个之前一直没想明白的问题。这时你应停下来，把你对这个问题的思考和你获得的启发写成一篇300~800字的文章。30分钟的时间里，你可以用10分钟阅读，用20分钟输出，完成从输入到输出的闭环。你输出的这些文章是真正内化后的作品，它会帮助你将知识记得更加牢固。

与此同时，对于一些值得反复拿出来调用的知识，你可以将它们做成知识卡片，保存在自己的计算机里，这样后面想到这些知识的时候就可以直接将其调出来，不需要再到书或文章里寻找。

写作中非常重要的一个步骤是积累写作素材，但是积累写作素材并不能只依靠一个简单的收藏动作。写作素材是可以与你的过去或未来的行动计划产生连接的，做好延展、分类、加工，后面才更容易调用。很多人的计算机里有一堆素材，但他们还是写不出内容，就是因为他们收藏素材时只是满足了自己的收藏欲，而没有经过充分的思考；而当你认真思考后，那些你亲自加工的素材在未来被调用时才会产生复利价值。

（2）零存整取式地进行创作。

如果你想围绕某个领域做出自己的知识产品，比如开课、写书、做社群，那么每天写上几百字非常重要。很多人觉得写作是一件困难的事，是一个非常浩大的工程，所以无法开始。这时，你不妨围绕某个主题，每天输出一条笔记。比如你想提升写作能力，那就写写作思考；你想学设计，那就写设计思考；你想提升交往能力，那就写交往技巧。

当你有了一个主题后，你在学习、生活和工作中看到的、听到的就可以被归纳到这个主题下，并且可以被写出来。这个方法会让你的学习更具针对性，也会让你的学习非常有秩序。每学完一些内容，就输出一些，最后你会发现自己的知识体系已经通过输出的方式清晰且有条理地呈现出来了。

随着你写的文章越来越多，你会发现自己写几千字、上万字的长文变得越来越容易。因为当你要写上万字的文章时，你可以直接从之前的文章中调用相关内容，稍微优化一下，就有几千字的内容了；当你要写一本 8 万字的书时，你将之前写的上百篇文章整理一下，就有几万字了。所以，罗马不是一天建成的，平时打好基础，真正要建高楼大厦的时候才会比较轻松。

（3）破除完美主义，不要等变得完美再行动。

很多人无法开始创作输出，还有一个原因是追求完美。对此，我有以下几个建议。

① 不要着急，接受自己要经历一个慢慢变好的过程。没有人一开始就是完美的，任何人都需要经历一个慢慢变好的过程。从新手到高手，一定是一段非常长的孤独之旅，会有一段非常难熬的练习期。但只有经历过这段练习期，你才会慢慢趋于完美。你要相信，自己每多一点行动，就会多一点进步。

② 敢于暴露缺点和不足，并接受它。每个人都是潜力股，许多次不完美能让我们更接近完美。不完美是一件好事，因为你可以从中发现自己的缺点和不足，从而加以弥补。

③ 机会不等人，要在行动中变得完美。我们应抓住机会，在行动中变得越来越完美。

（4）从事件中复盘，不断成长。

想要让自己持续地输出原创知识，还有一点非常重要——做事件复盘。当你做成了一件事，应总结成功要点；当你办砸了一件事，应总结失败的原因，并围绕原因寻找解决方案，以避免再次失败。当有了几次"失败——找原因——找方案——重新做——找原因——找方案"的经历后，你对做某件事就已经有了一定的方法论。

不断复盘成功和失败的经验，从经验中提取出方法论，会让你的创作更具现实意义，更容易使读者产生共鸣。持续复盘将提升你的觉察力、分析力和做某件事的效率，也会让你变得更加专业。

> ## · 行动清单 ·
>
> 尝试每天记录 500 字与专业相关的内容。

3. 定类型，打造代表性作品

稳定输出、持续分享，可以让你持续建立影响力。你在输出的过程中要善于规划自己的作品类型，既要打造作品库，又要打造代表性作品。

我的专业能力是知识可视化，我的作品就是思维导图和知识卡片，目前我的计算机里已经有 100 多本书的思维导图和知识卡片，其中知识卡片有 3000 多张。这些作品是我平时学习时输出的基本作品，除了基本作品，我还规划了自己的代表性作品：热门作品、创意作品。

（1）打造热门作品。

我每年锁定的关键事件都有得到 App 创始人罗振宇的"时间的朋友"跨年演讲。每年"时间的朋友"跨年演讲结束，我会马上输出该演讲的思维导图和知识卡片，并把它发布在得到

App 的知识城邦和我的微信公众号上。听演讲属于即时性的学习吸收过程，演讲后的文字稿能帮读者还原演讲的内容，而思维导图和知识卡片这种结构式输出能帮助读者更好地理解整场演讲的逻辑结构，让读者从俯视的角度理解和吸收内容。所以每次的思维导图和知识卡片分享都会引来很多人的关注和议论，也使我的个人品牌得到了广泛传播和多次曝光，精准吸引了一大批目标受众。

除了罗振宇每年的跨年演讲，很多知识 IP 也有自己的年度活动，这些都是知识学习领域的关键事件。针对每年的关键事件，你可以用你的技能做一些特别的输出：如果你擅长演讲，可以就某一个观点做一次简单分享；如果你擅长写作，可以围绕这些事件输出文章；如果你擅长设计，可以把这些事件里的金句设计成海报。

（2）打造创意作品。

除了关键事件，你也可以找一些普通的事件和内容，用有创意的做法将其加工一遍，这样做一方面可以展现你的专业性，另一方面，你可以通过创意来吸引粉丝。例如，在学习如何做视频号的时候，不同于常规的听音频、看文章，我是将做视频号的知识做成了一张重点知识地图；许多人学一门课程，笔记基本都是根据课堂内容用文字记录的，而我会将课程精华做成一张结构图。每年年终，我都会给自己画一张思维导图来总结这一年，每次我将思维导图发布出来，都会在自己的社交圈里引发一场热议，这种思维导图也是一种创意作品。

　　你擅长什么技能，就可以用这项技能去解释和参与相应的有影响力的事件，这会有效放大你的影响力。围绕你的专业技能，你能想到的关键事件和创意做法有什么？任何关键活动、关键节日、热门事件等，都可以成为你的创作素材，你都可以用自己的创意做法将其解释一遍。创意作品就是要有所不同，并让旁人有眼前一亮的感觉。

· 行动清单 ·

　　想想自己可以通过做哪些事情来打造自己的代表性作品。

分享力，如何让自己更好地被看见

很多人都害怕分享，担心自己分享的内容不够好，怕误人子弟。其实分享和课程是有区别的：分享是介绍所有你认为好的东西，不具有交付属性；课程是有目的的，要教别人学会某样东西、获得某项技能，具有很强的交付属性。所以，不要把分享变成一件有负担的事情。输出是建立影响力的第一步，分享是建立影响力的第二步，酒香不怕巷子深的时代已过，你只有主动分享你的作品，你的作品才能被更多人看见。

1. 玩转自媒体，拥有第一批粉丝

建立影响力应从身边人开始，但是我们每个人生活、工作的社交圈有限，有的人微信好友只有几百人。所以，想要提升影响力，就要从运营自媒体账号开始，借助网络，放大自己在线上的影响力。

互联网改变了人们的生活方式，提高了信息传播的速度，增加了普通人变成 IP 的机会，从而让"被看见"变得更容易、更快速。所以，想打造自己的影响力，我们就要在小红书、微

博、今日头条等自媒体平台上输出有价值的内容，帮助他人，从而让自己"被看见"。

我们存储自己输出的作品的地方，可以分为 3 个层次：第一个层次是你的私人空间，该空间内的作品别人看不到，比如你的计算机；第二个层次是你的粉丝空间，可以是你自己经营的微信公众号、知识星球等，只有微信公众号和知识星球等的粉丝可以看到相关作品；第三个层次是陌生人空间，是指小红书、知乎、简书等自媒体平台，你在这些平台上发布作品，平台会依托算法帮你推广，陌生人也能看到你的作品。

我们大多数人只是把自己的经验、思考留在自己的脑海里，并没有把它们显化出来，而即使把自己的经验、思考显化出来，也可能只是将其存储在私人空间中。这些被存储在私人空间中的经验、思考没有被分享出去，它们的价值就被埋没了。

我们每天使用的微信、抖音、小红书、微博、今日头条上，都不乏这样的故事：普通人成为"网红"，带货销售额达"××元"。互联网时代让每个有才华的人输出的内容都能得到大范围的传播。只要你在网络上生产了一些好内容，内容的复利就很可观，一条内容可能会使账号增粉几十、几百、几千。而这条内容在互联网的流量推送下，未来很长一段时间里都可能会被其他人看到，进而获得点赞。

在互联网的推动下，普通人不再是"普通人"，在某个细分垂直领域，任何一个人只要有才华并持续精进和耕耘，就有可能"破圈"，成为一个领域的小 IP，获得影响力。

凯文·凯利说："每个人都有潜力成为一个创造者，获得1000个真实粉丝，这些粉丝会为你付费。"有1000个真实粉丝，获得他们的信任，你就能够通过各种方式获得收入。在小红书平台，你只要有1000个粉丝，就可以通过直播带货来赚取佣金了。千百万的粉丝量听起来很难达成，但1000个粉丝确实是每个人都可以获得的，一个月不行就半年，半年不行就一年。

我正式离职成为自由职业者的时候，我自己的微信公众号只有1200个粉丝，简书只有4000个粉丝，头条号只有1000个粉丝。当我有了这些粉丝，每天都有人来添加我为微信好友，向我咨询与做笔记相关的内容时，我慢慢地感受到了自己的价值，也有了离开职场成为自由职业者的勇气。

所以尝试在自媒体平台进行创作，好好地运营自己的账号，你的人生会有很多可能性。但我不建议你为了流量去分享一些自己不喜欢的东西，找到自己的价值主张很重要。

你想围绕哪个细分垂直领域建立自己的标签，就持续在这个领域去输出内容，不要"三天打鱼，两天晒网"，也不要总是想着出"爆款"，持续输出比偶尔产出"爆款"更重要。我们要以工匠的心态去做好内容，做到细水长流。我们可以期待好内容的爆发，但是真正的爆发源于我们日复一日的扎实积累。

在选择自媒体平台的时候，我们可以有针对性地进行选择，并根据平台的推荐算法和特点，创作不同形式的内容。例如知乎以问答为主，那在知乎就要多写回答；小红书以图文形式"种草"好物为主，那在分享内容的时候配图很重要，带着"种草"思维写文案也很重要。

·行动清单·

制订自己的自媒体运营计划。

2. 建设朋友圈，提升个人信任度

当你通过自媒体平台有了第一批粉丝后，为了更好地与粉丝建立连接，就应吸引粉丝成为你的微信好友。你在自媒体平台通过内容吸引对方，而到了朋友圈，你就要打造一个真实立体的人设来吸引对方。当对方进入你的朋友圈后，你将有更多机会去影响他，所以一定要运营好朋友圈。

我曾经通过运营朋友圈，在 3 个月内获得了这些成果：3 位编辑邀约我写书 4 本，这 4 本书的主题分别是学习方法、阅读方法、知识可视化、思维导图；用一条朋友圈文案吸引了 20

多人前来咨询，并售出 10 个单价为 1.8 万元的成长私教坊名额，变现近 20 万元；经常有人来我的朋友圈点赞，不错过我的每一条朋友圈；有人因为我的朋友圈有价值，特意将我的微信账号分享给自己的好朋友；还有人专门写了一篇文章来介绍我的朋友圈；还有我的大学学长、原来的同事因为看了我的朋友圈，来找我做咨询……

我发现每天记录自己的日常，真诚地分享内容到朋友圈，不仅使自己积累了众多的信任，也慢慢提升了自己的影响力。影响力提升后，我的产品也被越来越多的人信任。

（1）一个方法让你爱上发朋友圈。

朋友圈的运营如此重要，但是很多人却不爱发朋友圈，原因有多个方面，比如不敢分享、太在意别人的想法、肚子里"没货"等。我之前也很害怕发朋友圈，后来我端正了自己的心态，找到了运营朋友圈的目的：记录生活，提升自己，帮助他人。有了这种心态后，我开始大胆运营自己的朋友圈。

你还记得去年的今天自己在做什么吗？ 你还记得今年自己做了多少件有意义的事情吗？ 你想回忆过去的每一天吗？ 你可以找到一些线索来帮助自己回顾今年过得怎么样吗？ 运营朋友圈就可以帮你解决这些问题。可是为什么要记录在朋友圈里呢？ 因为朋友圈的记录和复盘更有深度和价值，你会从受众的角度来做分享和输出。

一个人想要超速成长，一定要接受外界的反馈，要敢于"暴露"自己，又能快速迭代自己。如果你只是在别人看不到的私人空间记录，就不会得到任何的反馈，那我们的成长速度就会比较慢。这个时代给予个人最好的红利就是"敢于发声"，你只要有一技之长并敢于分享，就能被看见。所以，你需要在朋友圈记录生活，让自己的成长更好地被他人看见，拉近自己与每个人的距离，享受互联网时代的红利，放大自己的价值。

那么，发朋友圈可以提升一个人的哪些能力呢？

① **写作能力。**

我经常会在朋友圈围绕某个观点、某个现象、某个目的写文章，而为了真诚、清晰地表达自己的观点，我就会构思这篇文章的结构和风格应该是怎样的。当你每天站在自己和读者的角度，在你的朋友圈写一篇300~500字的文章时，你的写作能力一定会逐渐提升。很多时候，我们学了很多而结果不好的原因是：学得太多，思考得太少，实践得更少。发朋友圈，有助于我们的思考。

② **产品能力。**

我经常会想，要想推销自己的服务和产品，应该怎么去挖掘亮点，怎么通过有吸引力的文案来抓住用户。所以，我每次在朋友圈做产品介绍的时候，都会仔细揣摩，围绕大家的痛点、痒点写1~3条文案。这样，我的产品能力就获得了提升。

③ **营销能力。**

带着"种草"自己的产品、用文案打动他人的目的去发朋友圈，我的营销能力在无形中得到了提升。我之前很排斥运营的各种套路和营销的各种技巧，但是后来我发现，真正的营销是利用你的能力优势和价值观去影响别人、吸引别人，将营销做到"无"胜于"有"。

④ **观察能力。**

我的朋友圈有一个能量复盘的栏目，我每天会把今天的复盘整理成几个观点发到朋友圈，于是就有很多人来追更我的每日复盘。我们每天的生活能量并不是恒定的，有时候一天过得很有激情和意义，有时候一天过得很平淡。对于过得很有意义的一天，我在复盘的时候总是能想起来很多，但是复盘过得很平淡的一天时，总感觉没有什么可以写。

我该怎么做呢？我开始变得细心起来，刻意地观察一些小细节，激发一些小灵感，保持对生活的觉察，这样我每天复盘时就不愁没有内容可写，且写得越来越细致。

⑤ **输入能力。**

有时候，一天真的没有什么可以复盘的，为了发一条有关复盘的朋友圈，我就会强迫自己赶紧读书。如果你觉得这一天没有什么可以记录的，可能意味着你今天白过了：你没有产生任何有意义的思考和总结，没有学到什么。所以你可以通过输入来学点东西，通过别人的观点来促使自己思考，再把自己的思考写下来，帮助自己复盘。复盘就是复习和盘点，复习你今天接触到的新事物，盘点你今天的新收获及做得好和不好的地方。

我的微信里有几个小伙伴，他们每天必看我的朋友圈，经常给予我一连串的点赞，简直就是我朋友圈的"点赞机"。

我特别能理解这样的行为。刚上大学的时候，我就偷偷地关注了几个优秀的学姐学长的微信朋友圈，还有优秀的同龄人的微信朋友圈。为什么要关注呢？因为在我情绪失落、能量不高的时候，我会去看他们最近的朋友圈动态，他们的动态总是能很快使我从低落的情绪中抽离出来，仿佛有一个声音在告诉我：比你优秀的人都这么努力，你还在这里伤春悲秋什么？想让自己变得优秀，就从学会快速处理负面情绪开始。于是我又斗志满满地开始学习了。也是从那时候开始，我期待自己也能成为这样充满能量的人，给需要我的人传递温暖、带去阳光。

而现在，我真的成了很多人的"能量棒棒糖"。对于那些经常翻我的朋友圈的人，我相信自己的观点和分享一定给他们带去了能量。我很喜欢一句话："人是一切体验的总和，改变从体验开始。"你想要什么样的人生，就去和什么样的人接触，他们的体验会感染你，当你被这种体验感染，那么改变其实就在慢慢发生。

（2）发朋友圈的 4 个原则。

如果你把朋友圈当作一个产品，那么你就是产品经理。产品经理的目的是帮别人解决问题，让自己的产品变得越来越有价值。我也是把自己的朋友圈当作产品来运营的。以下 4 个原则，也是我作为产品经理做产品的原则。

① **栏目化运营原则：从多个维度打造自己的人设。**

有一段时间，我给自己定了 3 个内容输出的方向，它们分别是成长心法 100 条、如何学习探索笔记 100 条、可视化原则 100 条。于是我偶尔会在朋友圈更新这 3 个方向的内容，让自己的朋友圈整体看起来是一个内容平台，有固定的 3 个栏目在更新。

2021 年 11 月，微信更新了一个功能：我们在发朋友圈的时候可以输入"#"，然后"#"后面的几个字就会形成蓝色的标签，发完之后，你点击标签就会显示你刚发的这条朋友圈，以及过去你带了这个标签的其他朋友圈。

看到微信推出这个功能的时候，我内心窃喜，这正好满足了我对朋友圈栏目化运营的期待。于是我开始对朋友圈的内容进行调整，建立更多的栏目，比如：＃成长私教坊、＃小小 sha 有约、＃逻辑结构思维营、＃图卡说、＃成长心法、＃礼物说、＃复盘才能翻盘呀、＃能量棒棒糖、＃一起读书呀、＃思维导图营等等。

点击任意一个标签都可以跳转到相应栏目，这些栏目组成了一个立体的我，能够使我的微信好友知道我的价值观，看见我的成长，了解我的产品、服务和生活。

后来我发现，这个功能还连接了非微信好友，只要大家输入同样的标签，点击标签就可以看到其他人发的内容。这个功能让我们看到了微信支持大家去输出个性化、栏目化的内容，就像微信公众号官网首页的那句标语：再小的个体，也有自己的品牌。人人都是创作者，会表达、会创作就是这个时代给大家的红利，而这个功能的出现，让每个人的创作更容易被看见。

② **系列化输出原则：专业、专注、用心。**

朋友圈为什么一定要系列化运营呢？因为系列化可以体现你的专业度、专注度及用心程度。

什么叫作系列化呢？比如我朋友圈的栏目标签后面会跟一个数字：# 小小 sha 有约 33、# 成长心法 55/100、# 图卡说 28 等。

这样做的好处有很多：

如果你能持续围绕某一部分持续输出内容，可以呈现出你的专业形象；

如果哪条内容触动了某个人，他一看这是第 18 条了，就会被吸引去看前面的 17 条内容，并且追更你的这个系列；

如果有人新添加你为微信好友，进入你的朋友圈时就能知道你输出的是一系列的内容，他阅读你曾发布的往期内容也会更容易。

围绕某个主题输出系列内容，能够降低你创作的难度，帮助你在碎片化时间里快速建立某一领域的知识体系。如果你想要围绕这个领域输出稍微专业一些的内容，只要将这个系列的内容重新按照某个框架组合就好了。

③ **有料原则：分享价值，帮助他人解决问题。**

接下来，大家可能会问：输出什么呢？其实很简单，分享你觉得有价值的东西，你觉得可以帮助他人解决问题的内容，这样你的朋友圈就会越来越有价值。有料原则即基于你会什么、你有什么、你擅长什么、你在学什么来输出。

我会以"思维导图＋知识卡片＋个人成长＋知识萃取"的形式进行输出，采用这种形式的目的，对内是及时沉淀、萃取自己的经验，对外是体现我的专业性，同时分享一些能解决大家问题的方法。

根据以上内容，我设置的栏目有以下几个。

图卡说：体现我的专业性，同时分享图卡的知识点。

复盘才能翻盘呀：传递我的价值观，记录自己的成长，给他人传递能量。

磨课小花絮：体现我的专注度及打磨产品的用心程度，建立口碑，并且有效解答大家对课程的疑问。

成长心法：记录自己的成长，把自己的成长经验分享给大家。

可视化原则：把自己对于可视化的理解分享给大家。

分享你会的东西，既不是"晒"，也不是"秀"，而是沉淀知识，同时用自己擅长的东西去帮助他人。而围绕自己在学的东西，我也建立了以下这些栏目。

一起读书呀：分享读书内容，同时分享阅读方法与笔记。

日签：让自己每日都有最小输入，同时给大家传递能量。

#能量充电站：记录自己每一次线下学习的经历，并且分享自己的收获，让别人也有收获。

#如何学习探索笔记：分享能够帮助自己和他人提升学习效率的知识点。

分享你学习的东西不是"晒"，而是萃取出对他人有帮助的知识点，带他人一起成长，这样还能为自己树立起一种积极主动、爱学习的形象。

④ **有温度原则：积极阳光，传递能量。**

我们每个人除了学习、工作之外，其实还有生活。所以你还要为你的生活腾出一些空间，让大家看到学习和工作之外的你，对你更了解，从而让你与大家的距离更近。

围绕这个原则，我有以下栏目。

#能量棒棒糖：及时记录大家给我的正向反馈并对他们表示感谢，感谢他们给我能量。当我把大家的反馈记录在朋友圈的时候，他们可能也会有荣誉感，意识到这样的反馈给了我很多能量，从而会更愿意给我反馈。

#图言卡语·人物说：主要分享团队中优秀的小伙伴的个人品牌小故事，其实这也是在分享工作友谊，并且能够帮助对方提升影响力。

#生活记：主要分享生活里一些有趣好玩的小故事，让大家看到我真实生活的一面。

＃礼物说：给自己收到和赠给他人的礼物写一个小故事，赋予这份礼物意义与仪式感，这也是精致生活的一种体现。

　　当然，如果发朋友圈时需要展示对方的头像和昵称，应征求对方的同意。最后，生活中还有很多精彩的瞬间可能无法归类，只是偶尔发生，但也值得你记录下来。总而言之，有温度的内容，应做到真诚而不官方，温暖而不做作。一定要记录真实发生的事情，不要为了记录而记录。是否用心，是否真诚，别人一定可以从你的文字中感受出来。

　　（3）3个技巧让朋友圈更好看。

　　一方面，朋友圈要有干货；另一方面，我们还要让朋友圈好看，这样别人每次看到你的动态时，才会有种眼前一亮的感觉。为此，我向你分享3个技巧。

　　① 添加图片、表情。

　　即使是发布纯文字内容，也要记得配上好看的图片，能图文结合就更好了。

　　比如我的"＃复盘才能翻盘呀"栏目，每天晚上我发布内容时都会配一张我喜欢的图片。这样做可能使大家因为看到图片而对我的文字感兴趣。此外，好看的图片总是能起到治愈的作用，即使对方没有看文字，看图也能帮助他放松心情。除了配图，你还可以在文字中添加一些表情，以增加趣味性。

② 有自己的个人风格。

之前我请了一位销售顾问，他会优化我和学员们沟通的话术，他要求我营造一种高冷的感觉。这让我有些不舒服，因为我觉得我一直想要建立的人设是温暖有力量的，高冷不是我的风格。所以我最后还是决定用自己喜欢的语气去和学员沟通，并且获得了不错的效果。

这里有一个非常重要的点：你想在对方心中树立一个什么样的人物形象，就要围绕这个人物形象，打造与之相吻合的风格。不要让朋友圈呈现出来的你与真实的你相差太多，不要构建出一个虚假的人设。更重要的是，发朋友圈要以自己舒服为前提，如果自己看了都不舒服，别人看了也会觉得别扭。

③ 优化排版，结构化写作。

每个人都喜欢美的东西，所以朋友圈也应该有好的排版。

很多人发朋友圈，就是一口气写完，不会空行，不会分段，于是整段文字非常拥挤，让人产生视觉疲劳，别人自然没有阅读的兴趣。那么如何优化朋友圈的排版呢？

在内容上你可以采用结构化写作的方式，对于任何一篇文章，你都应该有自己的框架。

例如，写知识点分享的时候，我经常用的结构是"知识描述＋经历联想＋行动启发"；写语音沟通复盘的时候，我经常用的结构是"人物介绍＋我的感受＋心得分享"。

如果你不会结构化写作，那么你可以把自己的想法分点列出来，以建立清单式的结构。

排版上，多分段、多空行，尽量避免文字拥挤，同时一定要记得防止折叠，因为一旦折叠就增加了大家的阅读难度。

在注意力稀缺的时代，降低了用户的体验感，就降低了内容的传播性。

比起其他平台，朋友圈是大家离你最近的平台。把朋友圈运营好，获得他人的信任，那么与他人成交、获得别人的帮助都会变成一件很自然的事。当你把朋友圈运营好，建立起你的影响力，未来你做任何事，都会更容易获得支持。

· 行动清单 ·

给自己制订一个目标，每天发几条朋友圈。

3. "混"社群，持续提供高价值

社群是人群的聚合地，参加几个感兴趣的社群，并且尝试成为社群的 KOL（Key Opinion Leader，关键意见领袖），有助于积攒粉丝，建立自己的影响力。如何"混"社群呢？下面教你准备几个技巧，来精准吸引粉丝。

（1）从 7 个方面准备自我介绍。

加入社群的时候，第一时间做一个完整的自我介绍，可以给他人留下良好的第一印象。所以你可以精心打磨一个自我介绍，让你在任何社群都能出场就"闪闪发光"。自我介绍可以从以下 7 个方面来准备。

① **有信息。**

标签指的是一些基础信息，比如你的昵称、城市、毕业学校等，这些信息主要是为了吸引跟你在家乡、学校方面有交集的人来关注你。此外，标签可以让大家直观地知道你是从事哪方面工作的，或者有哪些身份背景。

标签可以是别人给的，也可以是自己给的。别人给的标签可以是你现在的公司给你的，比如我的标签是图言卡语创始人；也可以是你在某个社群，被公认了的某个角色、身份、头衔，比如我的标签有笔记侠知识卡片分舵主；还可以是你获得的某个组织授予你的某个荣誉，比如高维学堂曾授予我的可视化图解导师。

关于自己给的标签，可以看看自己在某个领域做了哪些事，做这些事有没有数据积累，有没有成果展现，坚持了多长时间。只要有数据积累或成果展现，你就可以给自己定义一个标签。例如，你在原来的行业领域工作了很多年，比如你做了 10 年招聘，那你可以给自己一个资深招聘官的标签；你写作 3 年，创作了 300 多篇文章，那你可以给自己一个写作达人的标签；你减肥半年，成功减重 10 千克，那你可以给自己一个减肥挑战成功者的标签；你每年阅读 100 本书，使 5000 多人爱上阅读，那你可以给自己一个阅读教练的标签。

② **有金句。**

你可以在自我介绍中设计一句自己的人生格言，来凸显自己的价值观。这句人生格言可以是激励自己的金句，可以是用来提醒自己的行动指南。金句的呈现可以让你的自我介绍更有力量。

③ **有成就。**

你可以在自我介绍中梳理自己的成就事件。成就事件除了指大多数人无法做到的事情，还可以是一次成功的小挑战、人生的一些小突破，成就不在大小，而在于它的意义与价值。

④ **有价值。**

自我介绍可以明确表明你可以提供的价值和服务，比如你可以帮助他人解决某类问题；当他人遇到什么问题的时候，你可以提供哪些资源；你有哪些产品；等等。

⑤ **有背书。**

在自我介绍中展现你的合作企业、合作平台，以及一些正面评价、相关荣誉，容易让他人更信任你，更容易认可你的价值。

⑥ **有联系方式。**

可以在自我介绍中留下自己的联系方式，方便他人关注自己的自媒体账号，看到相关作品。

⑦ 有"钩子"。

为了吸引他人主动添加自己为微信好友，你可以准备一份有吸引力的电子资料，告诉社群伙伴添加你为好友后你会将该资料送给对方。

（2）用 3 个步骤准备好你的分享稿。

在社群中，要想获得大家的认可，可以先打磨一篇自己的分享稿，来和他人建立连接。这篇分享稿可以从以下 3 个步骤来准备。

① 确定选题。

如果你的专业是大多数人都感兴趣的，那你可以直接分享你的专业知识，直接教干货，通过帮助大家解决问题、提供价值来吸引大家。如果你的专业是比较冷门的，可能只有少部分人感兴趣，那么你可以选择自己在专业道路上的一些成长故事，提炼一些通用的成长方法分享给大家，也可以选择一些通用的、大家都感兴趣的，并且又能体现你的成绩的内容。在这个部分，可以尽可能多地列几个选题，为每个选题都设计一个框架，看看哪个选题可讲的内容比较丰富，再确定选题。

② 填充内容。

确定好选题后，就需要设计分享的框架。常见的框架是提痛点、晒结果、讲故事、给方法、给工具、给案例、做总结、下指令。框架设计好后，再围绕框架来整合素材。为了在分享的时候有素材可以利用，平时养成复盘和记录人生故事的习惯也很重要。

你可以挖掘大家的一些痛点，引起大家的共鸣，让大家有一种强烈的想要找到解决方案的想法，这样就很容易吸引大家的注意。你也可以描述自己遇到的一个挑战，并为自己如何应对挑战设置悬疑，吸引大家来听。

痛点介绍完，你可以直接给结果，通过问题和结果的巨大落差来吸引大家的关注，从而让大家更加想要听你讲故事，想要了解你是如何一步步实现目标的。

紧接着讲故事，介绍你是如何一步步找到问题的解决方案，从而取得这个结果的，这个过程中又遇到了哪些困难和挑战，总结出了什么方法。

方法的描述可以分步骤进行，配合工具和案例。工具最好是一些大家拿来就可以使用的表单、模板，这样会让大家觉得更有收获。

最后，为整场分享做总结，下具体的行动指令，号召大家一起行动。

在整个分享过程中，你可以设计一些金句及互动环节，这样会让整场分享变得更加有氛围、有力量。

③ **进行分享。**

正式分享前，最好写出逐字稿，这样这篇分享稿就慢慢趋于标准化了，并且可以被一遍遍地打磨迭代。逐字稿确定好后，可以制作相应的 PPT 或图片，作为辅助性的视觉资料。

一场高质量的分享，可以有效连接需要你的人、与你同频的人，所以你一旦获得了一次分享机会，就应该抓住这个机会，好好分享和连接。

（3）"混"社群的其他技巧。

除了准备好自我介绍和精心打磨分享稿，你还有可以做以下几件小事，帮助自己在社群中更好地与他人建立连接。

① 成为服务人员。

你可以参加社群的运营活动，扮演一些具体的角色，为他人提供服务。当你真诚地为他人提供服务的时候，你也会更好地被他人看见。如果没有相关的角色，你可以成为一名社群志愿者，比如成为某个社群的笔记官、精华官，自愿帮助群主做一些有助于社群健康发展和运营、提升社群成员体验感的事情。这样会让大家关注到你，对你产生信任。

② 积极响应活动。

你可以积极地响应社群里的活动，尤其是群主发起话题讨论和共创式作业的时候，带头响应能更好地被群主看见。当你在一些活动中成为示范和标杆，你不但会被群主看见，还会被大家看见。

· 行动清单 ·

打磨自己的自我介绍。

3 连接力，如何与贵人保持稳定联系

当你沉下心来出作品，并主动分享出去，就会有一些人来关注你、连接你。但我们在成长的过程中，还需要主动去连接他人，比如我们的老师、欣赏的"大咖"等。那该如何和他们产生连接、保持联系呢？下面分享 3 个方法。

1. 专业，是最好的社交工具

在个人成长的过程中，连接到能给你带来帮助的贵人很重要。那我们应如何去向上连接比你能量层级高的人，让对方愿意帮助你，甚至与你建立合作关系呢？非常重要的一点就是用好你的专业技能。

曾经有位朋友和我分享了一个这样的故事。他很喜欢一位演讲教练，在参加这位演讲教练举行的某场活动的时候，他拿着自己的相机在活动现场拍照。为了有更好的拍摄角度，他会单膝跪地仰拍，这种投入度让人觉得他很敬业。

活动结束的时候，他把拍到的好照片进行了处理，然后发给那位演讲教练，马上便获得了那位演讲教练的回应。后来一

次偶然的机会，演讲教练又要举行一场活动时，马上就想到了我的这位朋友，还邀请他一起来策划。在那一场活动中，他认识了很多后来对他有过帮助的人。

我的这位朋友用自己的摄影技能获得了与贵人近距离接触和学习的机会，诠释了专业技能就是最好的连接方式。而我也想到自己这两年，通过思维导图和知识卡片这两项专业技能，为自己创造了很多机会。

2019 年，我在得到 App 上做了一套孤独大脑公众号主理人老喻的课程——"老喻的人生算法课"的知识卡片。我把每一讲都做成了知识卡片，然后分享到微博和朋友圈，后来这些内容被老喻本人看到了，他也开始转发。一段时间后，我获得了与老喻创建的未来春藤家长学院合作的机会，为他们的一些课程制作知识卡片。除了与老喻建立连接，我还用自己的思维导图、知识卡片连接到了很多贵人，比如方军老师、秋叶老师等。

如果我们想结交贵人，最重要的一点是提升自己，找到自己可以为他人提供的核心价值点。在这个过程中，你可能会有两个方面的障碍：一是你觉得自己与贵人身份悬殊，你很弱小、很自卑，不敢去靠近对方；二是你觉得自己没有拿得出手的技能，觉得自己对贵人来说没有什么价值，所以不敢靠近对方。

关于第一个方面，人与人之间不应该是一种高低关系，应该是一种合作关系，而这种合作并不只是金钱和资源上的合作，还包括情感上的共鸣与陪伴。所以，你真诚地去反馈，真诚地去分享你的感受，真诚地去关心对方，这都能使你与对方产生连接。

关于第二个方面，你可以梳理自己有哪些技能，这些技能可以在什么时间、以什么方式派上用场。即使你无法梳理出自己的技能，也没关系，这说明你当前最重要的任务是提升自己，让自己练出一项拿得出手的技能。什么技能都没有的时候，你可以购买他人的服务，以获得向他人近距离学习的机会，这也是一种靠近他人的方式。

·行动清单·

尝试用你的技能去连接一位贵人。

2. 感恩，让彼此的关系可持续

离开职场开始创业后，我的内心经常会浮现出两个字：感恩。

2019 年，凭着一腔热血和勇气，在职场工作两年多的我开始创业。刚离开职场的时候，我之前的同事非常关心我。我一个人在深圳，没有了经济来源，房租也是一笔很大的开支，她问我要不要把她闲置的住处腾出来给我，我的感动无以言表。

刚创业的时候，我什么都不懂，对于产品、运营、营销根本没有概念。后来，我在笔记侠遇到了张文龙老师，他特别关注我，主动询问我的情况，给了我很多帮助和建议。每次遇到问题的时候，我都会发私信给他，他看到后都会像对待自己的事业一样，非常细致地指导我，而我每次被他指导的时候，都会特别感动。

后来，我招募了第一个和第二个线上团队成员——阿涛和咩咩，他们都给了我很多的信任和支持。在我们孵化和筹备训练营的过程中，我们甚至偶尔会打电话沟通一些工作事宜直到凌晨。

我发现，当我为梦想负重前行的时候，很多人都在不求回报地默默帮助我，使我非常感动。所以在那时，我每天都会产生很多个感恩的时刻，在睡觉之前，我经常会发一条朋友圈——内容只有一个爱心表情，代表着我感恩今天帮助我的所有人。

能彼此扶持走得很远的人，都是懂得感恩的人。在我的团队中，我感恩对方的信任和支持，对方感恩我创造的这样一个平台。最好的关系一定是双向奔赴的，最长远的关系也一定是彼此懂得感恩的，无论是与亲人，与团队成员，还是与用户，都是如此。

那么到底该如何去表达你的感恩呢？

对于给你提供过帮助的导师，你可以在重要的节假日给他发一段非常真诚的话来表达感恩。这段话的主要结构是在什么时候，他做了什么事情，给你提供了什么帮助，因此你非常感谢他，在某个节日里对他表达祝福。

对于导师而言，你还有一种非常重要的表达感恩的方式，那就是分享你的成功与收获。每次我在自己的事业上获得进步的时候，我都会想到导师对我的影响和作用，并及时向他报喜，感恩他当时的指导和支持。

如果是项目中的伙伴，每次项目结束后，你可以有针对性地给每一位成员发一段感谢的话，认可他的付出，赞美他好的地方，真诚地表达感恩。

总而言之，感恩需要真诚，而不应流于形式。除了在关键时刻表达感恩之外，平时也可以多关注对方的朋友圈，在关键时刻为对方提供力所能及的帮助。

除了平时的文字表达，你还可以在特殊的节日为他们准备一些特别的礼物。礼物一定要用心挑选，可以是对方特别需要的，也可以是特别有寓意的。

我有一个学员，她每次来见我都会带一束鲜花，还会准备一些特别的礼物及手写贺卡。

有一次，她送给我一幅很大的向日葵拼图，她用了一个晚上将其拼好并装裱起来。当时我觉得特别感动，因为我很喜欢向日葵，她也为我付出了时间。

把谢谢两字挂在嘴边，及时对帮助过你的人表达感恩，你就能遇见更多愿意帮助你的人。

3. 赞美，成为一个受欢迎的人

把夸赞挂在嘴边，去发现别人的特别之处，会让你成为一个受欢迎的人。你如果希望被看见，并且想让自己更好地被看见，就要尝试先主动去看见他人，看见他人的特别之处，并毫不吝啬地进行赞美。

学会赞美，能够让你在向上连接的时候更加容易。在工作中，如果你有赞美的习惯，也能更容易获得其他人的欢迎。那么，怎么发现他人的特别之处呢？

首先，你需要有一双善于发现美的眼睛。其次，你要有归零的心态，才能看见他人的好。如果你总是自满而不具有归零的心态，自然就看不见其他人，更加看不到其他人的好了。你要充满好奇心，去发现每个人的特别之处。具体来说，就是要细心地去做比较，比如我们在训练营的助教点评工作中，会让大家从以下方面去发现他人的特别之处。

看形式：大多数人用文字做作业，某个同学用了音频、视频或图片做作业，就会给人惊喜。

看内容：别人都是泛泛而谈，而某个同学写了故事，想到了其他的案例，想到了更多的知识，这也是一种特别之处。

看篇幅：在作业区，你可能会看到一些人会写大量的内容，这类同学非常用心，愿意花时间投入。

看温度：某些同学的作业里会有一些感人的故事、很优美的语句，你能通过文字感受到对方的存在。

发现了对方的特别之处后，怎么发自内心地赞美对方呢？下面给大家提供一些赞美的秘诀，在以下几个例子中，A 是普通说法，B 是有温度的说法。

① 赞美要具体，要描述细节及独特的地方。

A：你今天的作业写得太棒了。

B：你今天的作业写得太棒了。你的故事很感人，看完你的故事后，我想到了自己上大学时每天早出晚归的学习经历，备受鼓舞。

② 描述感受，说明对方对自己的影响，给自己带来的帮助等。

A：写得真好。

B：写得真好，我原来读不懂这里，但是看了你的作业后，我明白了很多，感谢你的作业帮我解除了疑惑。

③ 语气有能量。

A：很好。

B：这也太棒了吧，写得太好了……

线上沟通和交流的时候，一个人通过文字表达出的情绪非常重要。为了让对方能从文字里感觉到你的能量，你可以添加一些语气词，让你的表达不那么生硬。

此外，我们拿着手机，看着屏幕，彼此之间感觉隔着十万八千里，看不到对方的表情，感受不到对方的情绪。我们如何能让自己的文字读起来不那么冰冷，让对方感受到你发自内心的赞美呢？

通过文字赞美别人时，文字格式很重要，适当分行分段的格式总是能让人很舒服。另外，适当添加表情会让你的赞美更加有温度，更加立体，可以拉近你和对方的距离。

最后教你一个万能的赞美公式：一句话称赞 + 你发现了什么（肯定别人的行为、动作、特点）+ 你的感受是什么（给自己带来的启发、影响、帮助）。

例子：我好喜欢看你的作业呀，因为你每次的作业都有故事分享，还有很多金句，让我产生了很多共鸣，很鼓舞我，使我充满了能量。

· 行动清单 ·

向一位伙伴表达你的赞美。

变现力 知识能力产品化

有了自己热爱的事情，也有了自己的影响力，如何将自己的价值包装成产品呢？我会在这一章和你分享自己用 3 年时间，做了 60 多期付费训练营、40 多期陪伴式训练营所收获的经验。

1 产品力，如何做有生命力的产品

很多人有了个人影响力后，就开始琢磨怎么变现，而变现的前提是有过硬的产品。先打磨出好产品，再提供好服务，做好交付，变现就是水到渠成的事情。而要使产品有生命力、可以长期运营，就一定要具备 4 种思维：用户思维、迭代思维、聚焦思维、调整思维。

1. 用户思维，把问题当作需求

产品是为了解决某一类人在特定场景遇到的某一类问题。在做产品的初期，你要问自己以下 3 个问题。

你的用户是谁？

他们在哪些场景下会遇到哪些问题？

你如何帮他们解决这些问题？

（1）在产品打磨期形成用户思维。

我在刚开始设计课程时，没有搞清楚这些问题的答案，所以第一次做知识产品时非常坎坷。我在做第一期训练营的产品设计的时候，犯了严重的错误：高估了学员的学习能力，错判了学员的需求点。

首先，我高估了学员的学习能力。我设想开发一个 7 天读完一本书，并且做完一本书的思维导图和知识卡片的课程。但这对学员来说难度非常高，因为大多数人无法 7 天读完一本书，大多人也不会用思维导图软件。这意味着，在 7 天内我要带大家一起学习如何使用软件，一起读书，还要一起做知识萃取。我尝试把我两年间积累的一些能力，在 7 天内教给学员。这真是一个大胆的想法，好在当时这个想法被团队其他成员否定了，否则后果不堪设想。

其次，在正式推出第一期训练营产品的时候，我错判了学员的需求点。我觉得学员最想学的是如何把一本书的精华内容萃取出来，做成一张思维导图，而不是怎么使用工具，于是在自己的课程设计里主要讲思维、方法，没有涉及工具的使用。后来在交付的过程中，大多数人都在问工具怎么使用、笔记怎么画。最后我只能把学员真正需要的这些内容放在课程"加餐"中，因为"加餐"的观看率比正课还高，所以我在第一期训练营一直忙着"加餐"，整期训练营交付下来，我感到特别累。

后来，为了解决这些问题，我们做了两件事：做课程调研和招募志愿者磨课。每次训练营开营前，我们都让学员填写一份课前问卷，以了解学员的职业背景、报名来源、学习目的、应用场景、期望效果及想重点学习的内容，这样每次在开营前，我们都能收获一份本期学员的需求表，从而针对大家都比较感兴趣的问题重点进行授课与辅导。除了做课程调研，我们在开发新课的时候更是成立了磨课志愿组，招募和筛选一些对新课感兴趣的人，建立微信群，在群内探讨课程大纲、课程题目、课程定价、课程难点、课程的适用人群等。这个做法相当于提前了解了大家的需求，同时也为后面的招生做了铺垫，因为参加磨课志愿组的人，很可能就是第一批想报名的人。

这就是产品开发初期用户思维的体现，我们通过课程调研和磨课志愿组，精准把握需求，围绕需求来优化课程产品。

（2）在产品交付期形成用户思维。

产品交付期，我们也有一些符合用户思维的设计。我设计课程的时候，经常会收到学员这样的反馈："莎莎老师，你的课程设计得太棒了，逻辑很清晰，循序渐进，好学易懂。"每次看到这样的评价，我都会很开心。在做产品交付的时候，我会尽可能多花些时间，精心设计逻辑线。

如果你的课程逻辑是混乱的，学员学起来就会很困难；如果你的课程逻辑是严谨、条理清晰的，学员学起来就会相对比较容易。自己在课程打磨期痛苦一些，学员学起来就轻松一些。所以，你要多站在学员的视角，从学员当前的水平去设计课程逻辑。不应以高高在上的姿态来设计课程，而应把自己还原成学员，挖掘学员在进阶路上遇到的每一个问题，针对每一个问题做原因分析、问题诊断，然后给思路、给方法、给案例、给工具、做示范。

（3）在产品售后期形成用户思维。

有一次，一位多次参加复训的学员跟我们提了一个建议，他说："莎莎老师，我们每次跟着训练营学习时，都学得热火朝天，但是学了之后，没有人带着我们练习，没有学习氛围，我们感觉松懈了不少。希望咱们的产品在训练营结束后增加一个打卡的活动，比如一起打卡 21 天、100 天。"

我们马上采纳了这个建议，每次训练营结束后，不定时组织 21 天图卡共修活动，也就是连续 21 天每天输出一张图卡。这个活动有人运营，有人监督，还有点评"加餐"等服务，后来做了近 20 期，让很多学员都觉得这个训练营的营后服务特别棒，甚至使一些人真正养成了每天学习时都画思维导图和知识卡片的习惯。

> **· 行动清单 ·**
>
> 站在用户视角，构思你的产品。

第 5 章

变现力 知识能力产品化

2. 迭代思维，保持空杯心态

优秀的产品人总是对自己的产品精益求精，使自己的产品不断迭代。他们不求快速爆发，只求产品能越来越完美。但在这种完美主义的影响下，我们可能也会无法迈出第一步。

（1）有精益求精的精神，但不必等到完美再出发。

第一次做产品时，我畏首畏尾，不够自信，不敢大胆地推荐自己的产品。后来《精益创业》这本书给了我非常大的启发：小步慢跑，快速迭代，不必完美了再开始，而是开始了才会越来越趋近于完美。

这本书提到了一个核心概念：精益创业。它指的是用低成本、小批量的方式打磨出一个最小可行产品，然后放到市场上去做价值验证，看看有没有人为你买单，再做增长假设，看有没有更多人愿意为你付费和传播。

所以，我开始尝试去做自己的第一个社群，这个社群的门槛很低，学员只需要填写问卷，经过我的审核，就可以加入。我在这个社群里做分享、布置作业、点评作业，这个社群用一个月不到的时间就有了 160 多人，而且他们的活跃度很高，参与度也很高。于是，这个社群就成了我的一个价值验证产品，让我积累了自信，为我正式做第一个训练营产品做了铺垫。

在开始正式做第一个训练营产品的时候，我的老师给我分享了一句话：用心过后，凡有不足，皆为垫脚石。我是这样理解这句话的：只要你的产品能满足学员的核心需求，并且你尽自己最大的努力用心交付了，那你在其他方面的不足，都会成为你的垫脚石，让你变得越来越好。所以，当我通过社群的方式做了价值验证后，我开始大胆地去设计自己的训练营产品，带着一颗赤诚之心，毫无保留地去做交付，带着喜悦的心情去回答学员在这个过程中提出的任何与课程相关的问题。在第一期训练营交付后，我们的训练营得到了学员 9 分以上的认可，这说明我们的服务非常专业。

虽然在这次训练营产品设计中，我们也遇到了很多问题，比如课程的需求匹配度不足、运营方面的一些细节流程不够完善等，但是我们再也不怕了，而是想着下一期如何做得更好。

（2）在过程中打磨迭代，才能慢慢趋近于完美。

有了做第一期训练营的经验，我们对产品的打磨也越来越有自信，开始快速迭代自己的产品。

训练营的前 4 期，我们每一期都设置了直播，每一期的课程内容都迭代了 30% 以上。在迭代的过程中，我阅读了大量与课程开发有关的书籍，同时不断接受学员的评价和反馈。迭代 4 次后，我们完成了一版标准的视频录制课。在后来每一年，我们依然会在那版标准的视频录制课基础上再迭代，增加一些新的内容和案例。在迭代的过程中，最难的就是保持归零的心态，重新设计部分内容，在一遍遍的迭代中，锻炼自己的专业能力。

与此同时，我们在运营方面的服务模式也不断迭代。在产品交付的过程中，可能知识还是那些知识，但将知识以一种有趣的方式分享给学员，让学员在吸收和理解知识的过程中觉得轻松、好玩，变得越来越重要。

所以，课程可以不变，但是课程之外的运营服务永远都要升级。我们的运营在人员配置、游戏玩法，以及 1 对 1 的督学、答疑和点评服务上，一直在升级迭代，让学员对学习保持新鲜感，沉浸在一种热闹、温暖的社群氛围里，从而进一步激发大家的学习热情。

· 行动清单 ·

思考你现有的产品或者你构思好的产品，还可以做哪些迭代。

---

3. 聚焦思维，专注才有穿透力

曾经，一位学员找我做咨询，她想将写作当作自己的个人品牌方向。虽然她书评、美食文章、影评、散文都写，但都写得不太好，问我怎样才能靠写作变现。其实这个学员最大的问题就是不聚焦，在写作这个领域，没有强化自己的风格和特点，没有找到某一种文章持续练习与投入，没有写出成绩，她在各个方面都处于浅尝辄止的状态，没有积累，价值不突出，自然就很难变现。

另一位学员一开始开写作课，但写作课才开了一期就去开个人成长课，没过多久又去做其他事情了，于是他在学员心中的标签和定位就一直在变，没有沉淀。很多人走着走着就走偏了，忘了来时的路。那些一直在专业领域坚持的人，很有可能后来就变成了领域老大，因为他们做的练习足够多，积累的经验也足够多，他们持续在用户心中植入自己的核心业务和服务，于是在长时间的积累下，专业成为他们的护城河。

（1）找到你的核心业务，不断推广传播。

我从 2019 年 5 月开始做思维导图训练营和知识卡片训练营，这两个训练营分别做了 18 期和 20 期。后来，在这两个训练营的基础上，我叠加了逻辑结构思考力训练营，做了 8 期。

这 3 个训练营都是为图言卡语的品牌使命"让思维被看见，让学习更好玩，让知识更易懂"服务的。我们只是想着如何将这 3 个训练营做得更好，做得更有影响力，即使招生人数不理想，我们也坚持做，因为这就是我们长期要做的事。很多学员说，好喜欢你们的团队，期待你们开发更多的产品，比如阅读训练营、PPT 训练营等。但在创建品牌的初期，我就深知聚焦的重要性，想要构建品牌，就要保持聚焦，把核心产品卖给更多人，从而在更多人心中建立"学思维导图和知识卡片，就找图言卡语"的理念。

所以在创业的前3年，我们小步慢跑、别无二心，专注地做着3个训练营，于是每一期的训练营中，都有30%左右的学员是转介绍而来的。

（2）纵向搭建产品矩阵，而不是横向搭建。

保持聚焦的同时，我们依然在搭建自己的产品矩阵。但是这个产品矩阵的根是你的专业，你不能做很多与专业无关的产品，不能做很多互不相关的产品，也不要做很多功能相同但是型号不同的产品。

在这个方面，我们也吃过一些亏。比如我们之前做训练营的时候，做了一个7天的训练营和一个21天的训练营，二者都是知识卡片训练营，我们本来想把7天的作为体验营，但是大家参加了7天训练营后都不报名参加21天训练营了，所以这个产品矩阵就是有问题的，在用户体验感上没有拉开差距，同时两个产品的功能属性也一样。

后来，我们做了一个21天的知识卡片营和56天的商业图卡训练营，这两个产品的功能属性就不一样了：21天知识卡片营的是新手营，重在使学员学会做学习笔记；而56天的商业图卡训练营，旨在使学员学完后可以成为知识设计师，能够往接单方向发展，可以直接变现。因此，从21天训练营到56天训练营的阶梯设置就比较合理。

总结一下，围绕你的专业能力，你在搭建产品矩阵的时候，应纵向搭建，而不是横向搭建。纵向搭建是指做出初级、中级、高级各个梯度的产品，各级产品的功能属性是不一样的，这样产品才会形成一个"漏斗"，一部分学员可以从初级产品"漏"到中级和高级产品。而横向搭建就是拓展出不同型号的产品，但其功能属性没有明显区分，这样反而会增加用户的选择难度。

人的时间精力是有限的，我们能把一件事做好就已经很不容易了。如果总是想着在一段时间内做很多事情，并且做每件事都不能坚持的话，那每件事都会做不好。

我对于聚焦的理解是：一个人要在一个时间段内聚焦一个产品，把它做好；一个产品也要在一个时间段内聚焦一个标签，把这个标签立住；你应聚焦要做的那件事，持续地做，直到让所有人都知道，你将这件事做得好，很厉害。

聚焦，才有穿透力；基本功打好了，才能干大事。

· 行动清单 ·

思考如何让你的产品更聚焦。

变现力　知识能力产品化

4. 调整思维

我们在设计产品时，还要拥有的是"调整思维"。产品类型不是一成不变的，我们要根据不同阶段的主要矛盾及时调整。那如何开始设计自己的第一个产品呢？首先要明确你当下适合的产品类型。根据运营难度和课程难度，我梳理了几种常见的知识产品类型，如图 5-1 所示。

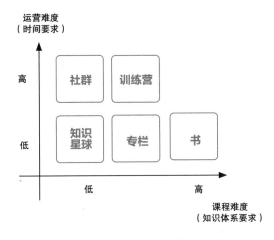

图 5-1 常见的知识产品类型

（1）知识星球：运营难度低，课程难度低。

知识星球是一款 App，其定位是连接你的 1000 个铁杆粉丝。如果你是从 0 到 1 做知识产品，我建议你可以将知识星球作为自己第一个产品的产品类型。它不需要你花太多的运营时间，只需要你持续不断地输出，输出的内容不需要非常系统，只要求你始终围绕主题展开，为用户提供价值。

知识星球是你在学习阶段就可以尝试的一种知识产品类型，比如你可以围绕一个学习主题，从以下几个方面来计划输出。

① 输入阶段，做专业知识的学习心得分享。

② 内化阶段，分享你的实践复盘，以验证所学、所思、所想为主。

③ 输出阶段，输出实践文章、经验总结、复盘与思考，以将所学和所运用的知识进行重构分享为主。

输入、内化、输出阶段的产出物，都可以成为你对外传播和分享的作品。如果你的输出节奏比较稳定，你有一定的内容存货，也围绕主题构建好了知识星球的内容栏目，有了一小波粉丝，你就可以尝试开通知识星球，将其作为自己的第一个知识产品类型。

值得注意的是，知识星球卖的是你的内容，一旦你开通知识星球，且开始对外收费，请务必保持稳定更新，否则你会失去他人对你的信任。

（2）社群：运营难度高，课程难度低。

如果你的知识体系还不是很成熟，你暂时无法设计出成体系的课程，那么你可以尝试围绕有共同兴趣和目标的人成立社群。社群可分为两种：轻运营社群和重运营社群。

轻运营社群，指的是审核制的兴趣社群（填写问卷申请加入社群），或者是打卡社群。运营这类社群压力不大，只需要设计好打卡活动及奖励退出机制，偶尔进行答疑就好。

重运营社群有一定的门槛，并且在社群的运营中，要确保成员有仪式感、参与感、组织感和归属感，具体可参考以下方式。

仪式感：申请审核、入群欢迎仪式、特殊节日的特殊活动等。

参与感：设置话题和活动，大家可以相互讨论和分享，让成员有话说、有事做。

组织感：组织一些每个成员都可以参与的活动，大家一起来设计和策划。

归属感：相互帮助、见面交流、线上探讨都可以增强成员的归属感。

做社群的优点是交付压力不会太大，同时可以体验做知识产品交付的感觉，通过成员之间的互动、交流及提问来促进自己做知识萃取；但这也需要花费时间，需要在社群内多沟通和互动，引导大家多参与互动，调动每位成员的积极性。

不建议新手一开始就做长周期社群，在没有运营经验及思考不成熟的情况下，做社群产品很容易失败。我在正式做付费产品之前，有过运营 3 个社群的经验：前两个都是我临时起意做的社群，由于准备不足，运营了一个月就解散了；对于第三个社群，我思考得比较成熟，有社群活动和轻量化的交付，还有小团队，所以运营得比较成功，这为自己后来做正式的知识产品积攒了充分的经验。

（3）专栏：运营难度低，课程难度高。

专栏在这里指没有社群陪伴的课程，比如喜马拉雅的音频专栏，网易云课堂的视频专栏，等等。这一类产品适合那些时间不是很充裕，不想做售后运营，但又想将自己的专业知识梳理出来并使之变成课程的人。

你可以多了解一些课程平台，比如喜马拉雅、网易云课堂、小红书等这些有自有流量的平台。如果你想做专栏，可以考虑在这些平台上架自己的专栏网课。这相当于你在一个大集市上开了一个知识店铺，每天都有自来流量进入你的店铺了解，他们有可能会下单购买，也有可能会先成为你的关注者。

做专栏的劣势是，如果只是卖课，却没有提供督学和带练服务，容易让学员买课但不听课，学员没有听课则没有收获，没有收获则不会为你做口碑传播。

（4）训练营：运营难度高，课程难度高。

训练营是专栏和社群的结合，交付的是课程和服务，服务里的带练和督学非常重要。因为有完善的课程，又有好的服务，所以训练营的单价会比专栏和社群高很多。专栏的价格一般为几百元，而训练营的价格在 1000 元左右，当然也会根据时间周期而有所不同。

训练营的课程可以是录制的，也可以是直播的。训练营除了系统课程，课后辅导环节也很重要，有极强的交付目的。训练营旨在让学员通过"学习＋练习＋反馈＋答疑"4个步骤，来实现某项技能的获得，某些知识的掌握，某种能力的提升。所以，训练营的核心是集中式的学习和练习。正因如此，训练营是有团队交付的，一群人服务一群人，才能让班级热闹起来，激发大家的学习热情。

训练营应从用户口碑出发。训练营产品是比较容易出口碑的，"课程＋带练＋1对1反馈答疑"的服务模式，能提升学员的体验感，让学员真的学有所得，从而真正地在认知和行为上有所改变。学员发生改变后，才会帮产品做口碑宣传。对于重行动的工具、技能类产品，最好以训练营的方式运营，以训练为主。

（5）书：运营难度低，知识体系要求极高。

书对知识体系的要求极高，需要的打磨周期也更长，它相对课程会有很多新的要求，比如逻辑更缜密，内容更完善、丰富，有些内容适合在课堂上讲但不适合放在书里，口语化的表达要转变成书面化的表达，等等。

想要写书的伙伴平时要做好以下3个方面的准备。

① 专业体系的迭代，也就是书的大框架，可以理解为书的目录。

② 素材案例的积累，也就是书的具体内容，包括知识、方法、案例等。

③ 写作技巧的提升，主要是写作技巧、书面化技巧、文案技巧等。

（6）其他：咨询、私教。

除了以上 5 种常见的知识产品类型，还有其他知识产品类型，比如咨询、私教。

咨询是最轻量化的产品，你可以给自己的咨询定个价。前期以公益咨询的方式，把自己的咨询服务推广出去，通过限时限额的免费咨询，和用户建立信任，了解用户需求。你可以在每次咨询完后进行复盘并将复盘内容发布在朋友圈，主要内容如下。

你帮对方解决了什么问题？

对于某类问题，你的建议是……

对方对咨询的反馈是……

当你积累了几十个咨询个案，你会越来越明确自己能比较专业地解决哪几类问题，同时大家面临的普遍痛点是什么，这些都会成为你正式从事咨询服务及筹备其他产品的参考依据。而在提供咨询后，你也可以去跟踪对方的结果和成绩。

私教就是私人教练，即在单位时间内，只为某个人提供定制服务，就像健身房的私教，会针对你要解决的具体问题给出具体的指导建议，同时跟进你的进度。请私教会大大提升你的学习效率，一方面原因是私教会针对某个问题提供一套解决方案，另一方面原因是私教能给到更精准的 1 对 1 反馈，所以私教一般的收费都会比较高。

重新审视你的产品体系，看看是否需要调整。

2 运营力，如何做有氛围的社群

最开始开发知识产品的时候，我对运营有一种误解，总觉得运营是套路化的，可我后来发现，运营是一种放大产品价值的服务。

《极致服务指导手册》这本书提到：生意有大小，服务无边界。运营在产品交付中的价值，一方面体现在流程体验上，良好的运营会让一个学员从第一次接触品牌到成交，以及在交付后的售后环节都能收获非常好的体验；另一方面，好的运营也能够通过一些机制的设计和引导，让学员更好地互动，更好地学习和吸收，同时把产品的价值更好地向外推广。所以，运营在一个产品的交付中是非常重要的。

1. 搭团队，一群人服务一群人

辞职创业后，我有了一种意识：要抱团成长。有的个体创业者走着走着就停下了，而有的个体创业者却越走越远，越来越强大，原因在于他们身边有一群志同道合的人，他们能抱团取暖，一起向前。

（1）关于自由职业者的窘境。

2019 年，我成为自由职业者后，有两种很强烈的感受。

感受一：在职场，你犯错带来的任何损失几乎都能由公司为你承担，但是作为自由职业者，你要为自己的所有行为负责，犯了错误要自己承担后果。

感受二：自由职业者看起来很自由，但实际上很孤独。你没有同事可以交流，也没有人能觉察到你的情绪，关心你、问候你，与你沟通。人是群居动物，一定要活在关系里，而自由职业者也特别希望在自己没有能量的时候，有人能够给予自己能量。

我身边出现过这样一些自由职业者，他们从职场出来之后，根本无法自律地办公，因为在职场时，团队不仅是一种束缚，也是一种支持。从职场出来后，他们没有了任何束缚，自己反倒不知道该干什么了。他们经常在游戏和无所事事中度过整整一天，甚至会昼夜颠倒，白天虚度了时间，到了晚上就想补回来，然后忙到凌晨两三点，第二天又因没有精神而无法工作，进入恶性循环。

如果你是自由职业者，那我强烈建议你从开始自由职业，就找到一个组织并融入它。这个组织可以是线上的社群，也可以是线下的团队，你和其他成员有固定的交流频率，比如每周组织一次活动、每周开一次会，这样你会有归属感。如果你身边没有这样的组织，你也可以去创造一个。你可以自己建立一个交流会，邀请一群志同道合的人加入；也可以自己建立一个自律打卡社群，用同伴的力量来监督自己。

我很庆幸自己拥有团队作战意识，在成为自由职业者之初就招募了自己的小助手和运营官，组织了一个 4 人小团队，我们虽然不在同一个城市，但在线上是同频的。当一个团队的价值观和目标高度统一的时候，成员会觉得线上协作的效率特别高，甚至比线下工作的效率还高。

有了这样的一个小团队，当你遇到困难和挑战，情绪低落和疲惫的时候，发现其他成员还那么努力，自己就会有力量继续行动。所以，一个人走得快，一群人走得远，一个人的力量很弱小，一群人的力量无穷大，这就是抱团作战的价值。

（2）三步走，组建你的团队。

目前，我的创业团队也是主要由 10 余个线上兼职合作伙伴支持的，我们一起开展了近百期训练营。

我经常感叹，感谢有这样的一群人，我们虽然身在不同的地方，但是心却连接在一起。很多做知识服务的同行也很好奇，图言卡语的产品服务为什么做得这么好？可以在 3 年内高强度地运营这么多期训练营？难以想象这背后是一个线上团队在做交付。那么，到底如何培养一支这样稳定的团队呢？对此，我总结了以下 3 步。

① 设置门槛，筛选合适的人。

我的一些工作伙伴就是我曾经的学员。我在组建团队时，严格地从想加入我的团队的学员中筛选出适合和我一起创业的人。我会通过问卷考核每一个人的加入动机、相关经验、期待收获等。一般在第一轮申请中，学员的通过率为30%~50%。

② **提供培训，先服务团队。**

学员在通过申请考核后，我会为他们提供一场免费的14天线上培训，培训内容包含团队的社群文化价值观、各个角色的能力模型、品牌下的产品矩阵，以及一些技能的提升要求，并且设定相关的考核要求，明确在培训期内要完成多少作业才能通过考核。考核通过后，学员便可正式加入团队，考核没有通过则无法加入团队。这是一个双向选择的过程，认可团队文化的人会更加认可，如果是抱着其他目的来申请考核的，很有可能被任务打败，无法通过。考核有助于筛选出合适的人。

③ **先实习，再上岗。**

训练营里的所有角色都有一个实习的过程。训练营里的角色包括主理人、助教、班长等，每一个角色都有实习机会。通常情况下，我们会由一位老助教带着一位新助教参与一次训练营的实战交付，这一方面能够让新助教了解工作内容和节奏，遇到问题时有及时求助的方向，有归属感，不慌乱；另一方面能保证训练营的服务质量，不会因为是新助教提供服务而服务不到位；此外，1对1的带教方式，还能让训练营不同角色的工作流程和专业知识要求得到最大化传承。

（3）为团队赋能。

一个团队组建好了之后，如何让一个人在团队里保持长时间的服务呢？领导者要为团队赋能。团队在初创期并不具备雄厚的经济实力来给予成员很多的物质上的回报，但一些具有情感价值的东西能够维系着一群人走得越来越远。

① **提供足够的意义。**

让团队成员觉察到自己正在做一件有意义的事情很重要。每个人都希望在一件有意义的事情上留下自己的印记，贡献自己的价值。所以，对于任何事情与活动，都要做好意义解说和价值塑造。

在团队初创期，我经常会这样与成员沟通：这件事可以帮助多少人改变自己，帮助多少人解决问题，这件事未来的价值点在哪里；这个角色在团队中的重要性及意义是什么，这件事做好了能如何支持他的成长，在这个过程中他会收获什么。

除了私下与团队成员沟通，在一个项目的启动会议中，在完成一个项目的总结复盘会议上，在日常的例会中，我们都可以持续地植入相关信息，让团队成员时刻知晓其角色的意义。如果一个新的任务和挑战，能够让团队成员在目标和意义上做一次探讨和交流，在思想上达成一致，对于线上团队来说，这也是一场高质量的团建。

② **提供足够的情感支持。**

有一次，我问一名团队成员，为什么他愿意一直陪伴图言卡语团队的成长。对方说："真诚与反馈。因为你的沟通特别真诚，反馈特别及时，这是我在很多其他工作中感受不到的。"

所以我们除了关注一件事的意义，也要重视团队成员之间的情感连接。这种情感连接具体体现在被认可、被看见、被反馈、被关心上。我们应积极主动地看见并认可团队成员做得好的地方，关注对方的心理感受，及时给对方提供反馈，在节假日给予对方关心和祝福，如果感觉团队成员正在遭遇困难，应及时询问对方并提供帮助。

我的团队虽然是一个线上团队，但是每次过节，我都会寄一份小礼物给团队成员，每年我们也会进行年终颁奖。从这些细节中，团队成员能够感知到，我们不仅是利益合作关系，还是成长路上相互陪伴的一家人。关注人的成长，关注人的情感需求，关注人的心理感受，这些情感和意义上的给予，有时候比金钱更重要。

· 行动清单 ·

尝试思考如何搭建一个线上团队。

2. 塑文化，让文化被学员感知到

《体验思维》这本书中提到了人群划分会慢慢趋向于岛屿化和原子化。岛屿化是指大群将分成小群，大家根据"三观"、兴趣、爱好而聚集在一起；原子化则指我们的家庭单元不断地缩小，我们越来越趋近于"孤独"的个体。

岛屿化和原子化的人群划分趋势带来了新的消费需求：原来我们可能只需要满足自己物质需求的产品，如今我们希望这个产品除了可以满足物质需求外，还可以带来一些贴心的服务。

我经常在购买一件产品后，和商家生"闷气"，比如我要寄快递，下单的时候选择的是上门取件，为什么还需要我将物品送到小区门口，这与"丰巢自寄"有什么区别？我在网上购买了一些产品，商家为什么不能提供上门安装服务？虚拟的知识服务产品，为什么没有通知和提醒，总是让我错过课程？

有一次，我和团队的一个助教聊天，她说："莎莎老师，悄悄告诉你，我最近参加了一个学习社群，参加完后，我感觉他们的运营服务体验很不好。我第一次参加咱们的课程时，体验真的太好了。"

我问："那你觉得我们花这么多的时间和人力去运营值得吗？"她说："太值得了，让学员有归属感很重要。我在其他社群都没好好写作业，但是在图言卡语的社群写作业很积极。"

我们之所以可以让学员的全勤率达 90% 以上，就是因为我们有良好的运营服务。所以，产品内容的打磨是关键，产品内容打磨好了之后，运营服务是关键。做好运营服务，提升学员的体验感，就要以学员为中心，深度连接与服务学员。这种连接与服务的精神，可以通过塑造社群文化来培养。

社群文化会让社群无法被模仿与复制，所以在做训练营的初期，为了让训练营的运营精神持续传承下去，我们制订了自己的社群文化：用心、极致、精简、分享、奉献、感恩。

（1）用心：真诚是最能打动人的。

一个人是敷衍地做一件事还是用心地做一件事，是很容易被人感知的。我在招募团队的第一位成员时，只是想招一个微信公众号编辑。我在朋友圈发了一条招募消息后，有好几位伙伴前来应聘。对于每位来应聘的伙伴，我的回复都是先观察我的微信公众号内容，写一份观察反馈。

其中一位伙伴虽然之前没有微信公众号运营经验，但他最后不仅给了我一份微信公众号运营建议，还把我微信公众号的所有文章都备份了一份，并且都看了一遍。学员提到的每个问题和内容，他都能及时调出相关文章并分享。这些动作让我感觉到他非常用心，让我觉得他虽然没有微信公众号运营经验，但是凭着这份用心，也一定能做得很好。

后来这位伙伴没有担任微信公众号编辑，而是担任了训练营的运营和助教，在工作过程中他也把用心诠释得很到位。在担任助教期间，他不仅能够把本组的学员照顾好，还会积极关注其他助教出于时间原因不能照顾到的学员。对于每一位成员的作业，他不只是有文字反馈，还会直接录制视频讲解，学员做到多晚，他就陪伴到多晚。对此，学员们特别感动，最后在课程反馈评分表里，他的评分几乎为满分。

有一次晚上 11 点多，一个学员因忘带钥匙进不了家门，她一个人在外面有些怕，于是在群里找我们，希望我们陪她。我们好几个助教和学员在群里陪她，等着她把问题解决掉。结营后，我们收到这个学员写的一封 2000 多字的感谢信，因为线上陪伴这个动作让她感动不已。人与人之间的信任，就是用心堆起来的，我们投之以热情，对方也会用温情对待我们。

（2）极致：充分利用现有资源。

很多时候，我们都会贪婪地想要很多东西，总觉得需要有很多资源，在资源充足的情况下，才能做成一件事。如果我们觉得资源不够、条件有限，就不去做了。但实际上，我们只要有一点儿资源，就可以马上开始去做。

有时候，你不是没有资源，而是不懂得如何调用资源。就像很多人的衣橱里明明有很多衣服，只要搭配得好，他们就能穿出各种风格，但是他们会觉得衣橱里总是缺一件衣服，于是不断地买，最后衣服越来越多，衣橱都装不下了。其实在遇到问题时，我们应该想着如何将现有资源用到极致，调用已有的资源去解决问题，而不要总把资源不够当作无法做成一件事的借口。

这种极致是如何体现在我们的训练营交付中的呢？我们的

助教总是会想尽办法去解决学员的各种问题，从来不会直接说"你的这个想法无法实现"，而是想方设法地告诉对方，在现有的基础上，可以如何实现想法。

团队成员在解决学员提出的各种问题的过程中，有时候也不只独自思考，还会把问题"拎"到运营组的小群，让大家一起解决。很多时候，面对看起来无法解决的问题，稍微动一动脑，借助某种工具，求助于其他人，问题就迎刃而解了。

因为极致的服务，我们的助教团队也有了很多金句。

哪怕是微小的力量，在需要的人面前，也是弥足珍贵的。——水磨雪

哪怕只有微小的力量，我依然想为你点亮一丝光芒。——阿涛

助教不是无所不能的，但一定是竭尽所能的。——飞烟子

（3）精简：找到能解决问题的最有效路径。

精简与极致并不冲突。极致是指最大化利用现有资源；而精简是指在解决问题的过程中找到最有效的那条路径，不要使问题复杂化。任何服务都应做精、做简，给用户自由呼吸的空间。就像奥卡姆剃刀原理那样，如无必要，勿增实体。做更少而更好的事，从而实现高价值导向。

我们并没有把训练营做得特别复杂，而是确保每个动作都有存在的意义，确保每个动作都可以具体到人，每个动作的结

果都有具体的衡量标准，每个动作的增加和删减都是为了让学员的操作更加方便。

（4）分享：用分享带来更好的成长。

团队成员之间要乐于分享，分享既能帮助自己获得反馈，也能给他人反馈，让彼此更好地成长。我们的训练营采用的是大班小组制，大班 80~100 人，小组 15~20 人，每小组都安排一位助教。在我们的团队中，每位助教都会把自己的资料和带队心得分享给其他助教，不只让自己小组的学员受益，同时也帮助其他助教更好地提供服务，让其他小组的学员受益。

除了我们自己之外，在学员群体中，我们也会培养大家的分享习惯。我们会邀请优秀的学员主动分享自己的学习经验和收获，这能让大家不仅有学习方面的收获，还能建立非常好的同学情谊。

因为我们自己愿意分享，同时也带动学员一起分享，所以每一期训练营的氛围都特别好。他们在一起持续地学习和分享，不管什么活动都会准时参加。久而久之，这些学员就成了图言卡语的常驻人群，感情深厚。

（5）奉献：越奉献，越得到。

不计得失地去做一件事，其实是能带来快乐的。在现在的社会环境中，很多人都会急功近利地去做一件事，想在短时间内获得大量回报，只关注自己可以获得什么，而不关注自己可以付出什么、奉献什么。

在我们的团队里，奉献也是社群文化之一。奉献就是要利他，要拥有给予的能力。当你真正地去创造价值的时候，你想要的就有可能实现。

我给团队成员结算兼职费用的时候，好几次都意外地收到了这样的反馈："当助教，对我个人而言就已经是非常好的锻炼了，所以我不太在意金钱上的回报。我觉得在图言卡语团队里让我更感到幸福，我喜欢这里，这是比钱更重要的东西。"每次收到这样的反馈时，我都很感慨：正是因为这种无私奉献的精神，他一定会收获比他设想得更多的东西。

（6）感恩：用感恩回馈认可与鼓励。

感恩有一种连接力，及时对帮助你的人感恩，会让你与他人的关系更持久。所以，感恩也应成为社群文化之一。

并且当你怀着感恩的心生活时，你不会总是抱着拿来主义的心态，期许天上掉馅饼，而是会感谢生命里所有的馈赠和遇见，从而激励自己更努力地成长，去回馈他人的认可与鼓励。

我们有一个运营团队，其主理人从 2019 年开始直到现在都陪伴着图言卡语。她经常把"谢谢"二字挂在嘴边，感恩身边每一个令她感动的行为，所以她带的团队非常有凝聚力。她也非常感恩能遇见我，让她接触这种学习方式，让她能持续成长。这些都是非常普通的事情，可在她看来，这些都是生命的礼物。因此，我们每次听她分享时都会觉得很幸福，也很温暖。

为你的社群制订社群文化。

3. 建标准，让运营流程可复制

2019 年以来，我一直在线上办公，带领着一个线上团队。团队中的很多人都有这样一种感觉：虽然是线上协作，但是协作效率很高。让团队成员在线上高效运转的关键，在于建立 SOP（Standard Operating Procedure，标准作业程序）。

从 0 到 1 建立训练营的运营体系，从 0 到 1 培养训练营的运营团队，交付近百期训练营，虽然每一期训练营的工作人员中都有新人，但是每一次训练营的交付质量都很高，新人加入团队也能直接上手。这是因为我们团队的经验萃取和沉淀做得比较好。我们主要分 4 条线来梳理团队的 SOP。

（1）角色线：角色职责与分工清晰化。

明确负责每个训练营交付的团队需要哪些角色。比如，目前我们每个训练营的交付团队都包含主理人、班长、助教和海报官等角色，各角色的分工如下。

主理人：负责整个训练营的报名对接、训练营团队组建、训练营的进度统筹及课程平台的操作，为训练营的整体高质量交付负责。

班长：负责微信群的运营，课程、作业的发布，开营、结营仪式的组织，学员微信群内的答疑，等等。

助教：负责学员的 1 对 1 点评、反馈、答疑，小组群内的督学，针对性的"加餐"，等等。

海报官：负责整个训练营的宣传物料制作，以及学员的荣誉证书、录取通知书等的制作。

团队的角色固定，并且每一个角色都分工明确，那么团队成员在合作的过程中就会井然有序、责任分明。

（2）流程线：执行动作具体化。

训练营是一个多人协作的项目，什么时候开始宣传，什么时候开始组建团队，什么时候启动会议，什么时候邀请学员进群，这些都需要做流程把控。要想让每期训练营都能如期开启，重要的是保证流程精细化。

在流程方面我们做了精细的规划，为了让团队所有人的节奏一致，我们会通过一个执行清单来统筹训练营，让训练营的工作有条不紊地进行。每个人通过执行清单就能够知道今天要完成哪些任务、将任务结果交付给谁、与谁保持协作，从而使工作效率更高。

（3）文档线：每个环节都有文档可参考。

对知识型组织来说，总结组织的经验和智慧，形成可复制、可分享、可协作的文档非常重要。尤其是线上运营团队在协作沟通中不具备面对面交流的优势，所以把一些经常需要的东西沉淀下来尤为关键。

在训练营中，每一个角色都会负责几个文档的更新工作，他们要在原有文档的基础上根据实际进行补充和优化。这样每一次新训练营组织和交付时，每一位成员就都有了参考文档，一旦有新人加入，新人也可以直接根据文档来学习、操作。凡是要做第二次的事情，都值得萃取出来，保存留档。

（4）平台线：平台操作与权限可共享。

训练营的交付还会涉及对很多平台的了解与应用，比如小鹅通、鲸打卡、石墨文档等。小鹅通是课程沉淀平台，鲸打卡是作业打卡平台，石墨文档是内容沉淀平台。每个平台会涉及多人操作，在平台的使用过程中，给不同角色的成员开通不同的运营权限，确保信息透明、统一，可以有效提高协作和沟通效率。

按照以上 4 条线来制订训练营的 SOP，就可以确保人与人之间高效沟通、事与事之间相互借鉴，高效率地完成线上训练营的交付和运营。

至于产品 SOP 的制订，可以由统筹者来牵头，由各个环节的负责人来共创。相关负责人要根据自己对于某个角色的理解和有关经验，来萃取这个角色在训练营各流程中的相关动作，明确可能遇到的各种问题并提出对应的解决方案。

·行动清单·

为你经常做的事情写一份简单的 SOP。

3 营销力，如何做有影响力的品牌

很多人问我："你最初只有几千个粉丝，是如何运营这么近百期训练营的？"最后一节将和你分享我总结的 3 个营销心得。

1. 破除金钱障碍，消除不配得感

专业力 + 营销力 = 财富升级。如果你的专业力非常强，但是你不会做营销，那么想要财富升级是较难的，而提升营销力的第一步，是破除自己的金钱障碍。

我们大多数人都会有一种金钱障碍：不敢谈钱，觉得谈钱丢人。比如：

别人找你合作，不敢报价；

找别人合作，不会分钱；

与别人谈判，总是畏首畏尾；

对营销有偏见，觉得营销不重要，只要产品好就能被用户看到，就能做大团队。

以上几种情况，都是自我价值感低、有不配得感的表现，这是一种金钱障碍，会阻碍我们获得财富。

如何破除金钱障碍，敢于去谈钱呢？这就需要我们处理好自己与金钱的关系。我们每个人对金钱的认知是不一样的，你对金钱的认知，你和金钱的关系，决定着你财富的多少。而我们和金钱的关系，我们的金钱观，大部分是受到小时候身边人的影响，他们如何看待金钱，他们如何处理和金钱的关系，都在影响着我们。想要破除金钱障碍，就要找到小时候自己在脑海里种下的与金钱相关的不好的信念。

我深刻地记得，上小学时如果学校要求交什么费用，父母总喜欢拖延几天再给我，这让我一度觉得家里比较穷。因为父母在外打工，赚钱很辛苦，家人经常说的一句话是：赚钱很辛苦，赚钱不如省钱。所以，从小我就养成了节约和省钱的习惯。我总是跟自己说不能和其他孩子比，他们买什么、吃什么，我都不能效仿。有一次，班里组织郊游，需要每人交28元的活动费，我感觉费用太多，就自己决定不参加了，结果班上只有我一个人没有参加那一次郊游。虽然这样做让我感觉自己很懂事，但事后觉得特别委屈，很遗憾没有参加那次郊游。

因为我觉得家里穷，不如别人家有钱，所以我一直克制自己的欲望，同时也有一种自卑感，一种不配得感，觉得我是穷人家的孩子，不配拥有好的物质条件，不值得别人对我好。

这种想法从小植入我的心底，让我在做营销上有一些心理障碍。我一方面总觉得自己不够好，不值得被人信任，满足不了别人的需求；另一方面会克制自己对金钱的欲望，总觉得不能让对方觉得我很想赚钱，不能让对方觉得我很穷。

除了父母对金钱的观念会给自己带来影响外，小时候和同学的交往也影响了我的金钱观。

学生时代，我不敢和比自己富有的人交朋友，害怕他们会看不起我，不愿意和我玩，甚至面对比我优秀的人，我都会不自主地想逃避和退缩，想和他们保持距离。而实际上我们远离这类人后，也失去很多能提高自我的机会，这些机会不只是资源上的，更是思维和认知上的。

《有钱人和你想的不一样》这本书里提到了穷人和富人 17 种不同的思维方式，其中有两条是：富人积极地与成功人士交往，而穷人与消极、不成功的人士交往；富人欣赏其他有钱人和成功人士，而穷人讨厌有钱人和成功人士。

我们远离成功人士的时候，其实就远离了财富。我们有一种不配得感的时候，就不敢给自己定更高的财富目标，也觉得自己不值得拥有一切好的东西，内心没有期待，自然行动也跟不上，那财富上的结果也不会特别好。

当我意识到这些错误的认知给自己带来的影响后，在自我改变的过程中，我开始有意识地撕掉这些错误认知，开始觉察：

我为什么会觉得我不值得？

客观事实是什么？

如果现在我做得不够好，那接下来该怎么办？

怎样让自己变得值得，变得越来越好？

一旦开始觉察，我就从"匮乏"模式进入了"富足"模式，把"我不值得"变成了"我值得"，把"我现在没有"变成了"我去创造"，开始结识优秀的人并和他们做朋友，开始大大方方地介绍自己的服务和产品了。

所以，毕业后这几年，我一直在付费学习以进入各种社交圈，让自己被优秀的人影响，从而慢慢变得优秀。虽然心底里的自卑还是会有，但自己也变得越来越有底气。我们每个人都是完整的、优秀的、充满潜力的、彼此平等的，我们每个人都有自己的价值，都值得拥有比现在更好的生活。

跟自己说"我值得"，跟自己说"我值得更好的"，这样你会更大方地去介绍自己，介绍自己的服务和产品，也能连接到更多更优质的用户。只有当你内心的障碍破除了，与营销相关的方法和技巧才能派上用场。

　　觉察你的脑海里有什么负面信念，找到该信念的根源并破除这个负面信念。

2. 品牌思维，必须占领用户心智

　　《品牌 22 律》这本书中提到，营销竞争的终极战场不是工厂，也不是市场，而是用户心智。用户心智决定着市场，也决定着营销的成败。

　　（1）内容营销是一种可复利营销。

　　有一段时间，我们训练营招生宣传的流量突然降低了，训练营的报名人数下滑得厉害。我开始焦虑，甚至觉得自己做不下去了，动了想要回职场的念头。那段时间，我开始对自己产生怀疑，晚上频繁失眠。

　　有一次，我去一家餐厅吃饭，看到餐厅里挂了一幅画，画上写着：手艺是产品人的灵魂，要回归产品的本质。

　　我突然就意识到了自己营销的问题所在：这两年我一直在忙着做交付，思考怎么招到更多的人，却忘记了持续为外部提供价值，持续打磨自己的手艺，通过手艺来吸引更多人。我意识到这时候我应该踏踏实实地沉下心来，回归自己的内容和产品，帮助更多人解决问题，而不应该去为流量的问题焦虑。

流量不够是一个现象，获取流量除了做广告、跟热点外，还要去思考自己有没有持续地输出内容，为他人提供价值。我们应通过提供价值来吸引新用户，并把老用户服务好。

意识到这个问题后，我将工作重心放在扎扎实实地输出内容、迭代课程上，一段时间后，招生人数又上来了。于是我总结了一个观点：持续输出好内容，持续做出好服务，持续为他人带来价值，才是长期的营销之道，才能持续带来优质流量。

《兴趣变现》这本书提到了这样一句话：人们在极力回避营销和广告的同时，需要真正有用的内容。我对这句话非常认同。

当别人认可你的内容价值时，他就会慢慢地对你产生信任，慢慢地认可你，从而买你的产品。内容具有复利效应，内容就是长期的广告，你在自己的自媒体平台上持续地输出，就会不断地被用户看见。一旦你有好内容，就会引发他们的分享、传播，为你带来持续的流量。

渔夫不能出海捕鱼的时候，会踏踏实实在家里补渔网，以便更好地出海捕鱼。持续影响比短期爆发更重要，扎扎实实地练好基本功，靠内容和价值来吸引人，会让你的内容服务更持久，经营更可持续。你在哪里留下痕迹，你在哪里提供价值，哪里就会有人因你而来。所以，保持内容的输出，保持内容的分享与传播，是营销的有力武器。

（2）用服务增加"留量"，为口口相传而努力。

我非常认同我的导师的两个观点：超级用户会在粗犷的经营中离去，流量枯竭是对漠视用户体验的人的惩罚。口碑和转介绍是产品的生命力，也是终极价值。这两个观点给我的启发是：要做好交付、做好服务，万万不可为了利润而忽略交付和服务，而要为口口相传付出努力。

在我们 3 年服务近百期训练营的过程中，我们的学员转介绍率基本在 30% 以上。在图言卡语的社群中，经常会有学员不自主地在群内发起讨论，互相推荐他们体验过的我们的训练营产品。这种不经意间的"种草"效果特别好，因为用户说我们好，比起我们说自己好，效果要好得多。

好内容、好服务营造好口碑，好口碑带来更多的忠诚用户，好口碑也是产品最好的推荐信。所以，当你焦虑的时候，当你在想着如何去获取流量的时候，不如好好沉下心来做产品，好好思考自己如何给现有的用户提供更多的价值，激励他们进行口碑传播，为自己带来新用户。做好服务的关键有以下几点。

① 超值交付。

如果想要做到超值交付，那么在产品招募和宣传的过程中，就一定不能过度承诺，万万不可为了利益而承诺一些做不到的事情，过度承诺有损于品牌形象。很多训练营在招生的时

第 5 章

变现力 知识能力产品化

197

候，承诺可以变现、提供变现路径，可是结营后就对学员不管不顾了，这就是一种过度承诺。

而我们的训练营，往往会在结营后给学员一些额外的收获，比如赠书、提供分享的机会等。在招募的时候不过度承诺，但在实际运营时多给一些，这会让学员有一种超值交付的感觉。

② **峰值体验。**

比起平淡无奇的服务，如果能在关键环节中设计高潮和惊喜，就会让学员的感受和体验完全不一样。我们的训练营中有3个关键环节：开营仪式、PK赛和结营仪式。

开营仪式是团队的整体亮相，也是训练营的第一个重要仪式。开营仪式必须精心准备，让学员参与进来，让他们感受到热情和服务，这样才能抢占他们的注意力，让他们愿意为此次学习花更多的时间。

PK赛是成果的输出和展现。为了参与PK，学员会精心打磨和迭代自己的作品，这个过程本身就会让人印象深刻。而当作品被分享出去并获得认可和奖励的时候，学员也会觉得受到了鼓舞。

结营仪式是训练营最后的仪式，包括成果的呈现及荣誉的授予，能让训练营气氛达到高潮，提升了学员在训练营被服务的感觉。

训练营和网课最大的区别其实不是知识，而是服务。所以，一定要在产品的设计和服务体验中，让学员产生强烈的被服务的感觉。

③ **制造温度。**

整合营销传播之父唐·舒尔茨说过："世界上任何地方、任何公司只有一件事情不可能被模仿，那就是沟通的方式。我们与消费者的沟通方式才是唯一让我们与众不同的原因。"

人与人之间的沟通，传递出来的其实是一种温度。在训练营的服务中，我们非常注重助教和学员的 1 对 1 沟通，通过 1 对 1 的辅导与点评反馈来体现团队的温度和细心。很多人在参加完我们的训练营后，会感到温暖。因为有这样的服务，他们愿意待在我们的社群，并且考虑参加其他的训练营。很多机制、规则可以复制，但人与人之间的沟通和表达所传递的温度不可复制。让产品持续有温度，用户持续被感染，这样我们与用户的关系会更长久。

· **行动清单** ·

思考你的产品的峰值体验可以设计成什么。

3. 视觉营销，萃取价值并放大呈现

在《一本书学会视觉营销》这本书里，作者介绍了这样几组数据。

传递给大脑的信息 90% 为视觉元素，大脑处理视觉元素的速度比处理文本的速度快 6 万倍；67% 的消费者认为，清晰、详细的图像非常重要，比产品信息、完整描述和消费者评价更有分量；67% 的消费者认为产品图片的质量在"挑选和购买产品"时"非常重要"。

这也说明，营销环节中的视频、图片等视觉元素非常重要。思维导图和知识卡片本身就是一种视觉呈现，所以，在产品的设计中，我们也将视觉营销运用得淋漓尽致。在我们的训练营，我们会设置大量的视觉物料，比如：

销售阶段有倒计时海报、课程表、课程日历、学员故事海报、学员金句卡、学员评价海报、课程核心内容金句卡片、学员录取通知书；

开营阶段有开营倒计时海报、嘉宾邀请卡、开营仪式海报、开营流程、每日日签海报、学员金句卡、嘉宾 / 学长 / 学姐分享海报等；

结营阶段有结营倒计时海报、结营仪式海报、结营流程、学员全家福、打卡数据统计图、勋章表彰卡、排行榜、全勤 / 优秀学员榜单、结业证书、优秀学员证书、福利卡、优秀助教证书、喜报等。

这些视觉物料在很大程度上会给学员带来视觉冲击，它们主要在以下几个方面起作用。

① 专业性：大量的视觉物料会让学员觉得我们是一个专业的团队，这种感觉就像是去一家餐厅吃饭，餐厅的装修特别好，让人体验良好，胃口大开。

② 仪式感：开营仪式、结营仪式、每日日签等的海报，能让学员觉得整个学习过程都充满了仪式感，每一天都是不平凡的，自己不是在枯燥地学习，而是开启了一段新的旅程，有了新的开始。

③ 被看见：将学员的一些金句摘出来做物料，学员就会产生一种被看见的感觉，会觉得助教团队很用心。

④ 荣誉感：结营仪式上的一些全勤海报、表彰海报 、优秀学员海报，会让学员觉得有荣誉感。

⑤ 宣传度：这些物料还提供了大量的朋友圈素材，每一种都有分享的价值，每被分享一次，都可能吸引到新的用户。

视觉营销往往也是品牌营销，所以包装产品时找到一个优秀的视觉设计师很重要。尽可能为你的产品和服务制作一些可传播的视觉物料，这能在一定程度上吸引用户，提高你的产品曝光率。

　　觉察哪些海报能吸引你的注意力，并思考它们给你带来了什么启示。

后 记

我 18 岁高中毕业的时候，闺蜜问我："莎莎，你未来想做什么呀？"

我说："没有想好，但是我想写一本书。"

闺蜜问："写什么书呢？"

我说："书的具体内容我也没有想好，但是我就是想当一名作家。"

闺蜜又问："那你计划什么时候实现梦想呢？"

我说："27 岁左右吧。"

在 2021 年，我 28 岁，我的第一本书《高效学习法：用思维导图和知识卡片快速构建个人知识体系》出版了。

感谢我的闺蜜在我 18 岁时的发问，让我埋下了一颗出书的种子。这些年，我一直保持思考，并保持对写作的热爱，才能在 28 岁圆了 18 岁的作家梦。

本书是我写作的第二本书，记录了我一步步地找到自己的热爱，并一点点地把热爱变成事业的过程，是我的个人成长之作。

成长不易，成长为自己喜欢的样子更不容易。在这本书的最后，我特别想感谢一些人。

感谢我的父母，从小我在他们眼中就是一个乖孩子，但上了大学后，我开始有了很多自己的想法，做出了一些或许看起来有些叛逆的行为。非常感谢他们对我的包容和支持，让我在很多重大抉择上，可以自己做决定，而他们也尊重我的决定。

感谢我创业以来，给过我很多帮助的人，尤其是张文龙老师、彭小六老师、剽悍一只猫、秋叶老师、方军老师等，还有一直和我并肩作战，共创图言卡语的线上协作伙伴，他们是阿涛、杨咩咩、ivy、阳、凯文、包子、未来不怕、sunny、云黛山、霍霍、余、玖玖酱等。

最后要感谢我的太阳先生。我曾经问太阳先生："你对 5 年后的我有期待吗？"他说："成为你自己喜欢的样子就好。其他的，你都不用担心，有我在。"我听到这句话的时候，觉得特别开心和温暖。人生最幸福的事情，莫过于有爱的人，有热爱的工作。

希望读到这本书的每个人不仅能够拥有美好的爱情、美好的人际关系，还能在热爱的工作里绽放自己。

赵莎
2023 年冬